如果生命重新来过，
但是请记住，没有如果！

陈廷 / 编著

那些人生中
不要忘记去做的事

如果生命重新来过，人生将是另番景象，
但是每个人的生命只有一次，生命如同现场直播，
没有彩排，更不能重来。
错过了，就永远不会再有机会，
当你忘记了生命中那些重要的事情时，
你就只能后悔和遗憾了。
不过幸好，我们现在还有时间，
还有机会去做那些重要的事。

中国华侨出版社

图书在版编目（CIP）数据

那些人生中不要忘记去做的事/陈廷编著. —北京：中国华侨出版社，
2011.12
　　ISBN 978-7-5113-1835-0

Ⅰ.①那… Ⅱ.①陈… Ⅲ.①人生哲学—通俗读物
Ⅳ.①B821-49

中国版本图书馆 CIP 数据核字（2011）第 221455 号

● 那些人生中不要忘记去做的事

| 编　　著/陈　廷 |
| 责任编辑/李　晨 |
| 经　　销/新华书店 |
| 开　　本/710×1000 毫米　1/16　印张 15　字数 220 千字 |
| 印　　数/5001-10000 |
| 印　　刷/北京一鑫印务有限责任公司 |
| 版　　次/2013 年 5 月第 2 版　2018 年 3 月第 2 次印刷 |
| 书　　号/ISBN 978-7-5113-1835-0 |
| 定　　价/29.80 元 |

中国华侨出版社　　北京市朝阳区静安里 26 号通成达大厦 3 层　　邮编 100028
法律顾问：陈鹰律师事务所
编辑部：（010）64443056　　64443979
发行部：（010）64443051　　传真：64439708
网　址：www.oveaschin.com
e-mail：oveaschin@sina.com

前言

人生几十年，弹指一挥间。很多人直到生命的尽头才翻然醒悟，原来自己这辈子还有很多重要的事情没有去做。有的人后悔没有追寻自己的梦想，如果生命重新来过，他不会再犹犹豫豫，而是会力排众议，听从自己内心的召唤；有的人后悔没有多花点时间陪伴家人，如果生命重新来过，他不会做一个工作狂，而是会做一个好儿子、好父亲；还有的人后悔没有好好善待自己的身体，以致晚年疾病缠身，如果生命重新来过，他不会那么贪恋烟酒，而是会养成良好的生活习惯，善待自己的身体……

如果生命重新来过，人生将是另番景象，但是每个人的生命只有一次，生命如同现场直播，没有彩排，更不能重来。错过了，就永远不会再有机会，当你忘记了生命中那些重要的事情时，你就只能后悔和遗憾了。不过幸好，我们现在还有时间，还有机会去做那些重要的事。

每个人都有自己的梦想，但不是每个人都能坚持自己的梦想。梦想和现实之间是有一定的差距，但并不是不可逾越的。不然，这个世界上怎么会有那么多实现自己梦想的成功人士呢？梦想不是空想，确定目标，找准目标，做好规划，一步一个脚印地去做，终有一天你会得到自己想要的。如果你只会抱怨、犹豫不决，那么梦想将永远和你无缘。

没有朋友的人生是孤独的。朋友能够跟你分享快乐，能够帮你渡过难关，因此，扩展人脉也是我们必须要去做的事情。朋友是互惠互利的，但是决不能用功利的心态去交朋友，那样的话，也不会得到真正的朋友。人际关系是一门学问，既需要技巧，又需要我们的真诚。要记住，帮助别人就是帮助自己，用这样的心去交朋友，你就会发现友情的美好。

命运掌握在自己手中，每个人都能把握自己的未来。现实社会中有不少的"宿命论者"，他们不懂得积极争取，只会逆来顺受，到头来一事无成。要把握未来，首要一点就是要有自信，要相信自己能够通过努力去赢得一个美好的明天。从现在开始，走出过去的阴影，一点一滴积累知识，养成良好的习惯，为了自己的目标坚持下去。你会发现，未来就是你创造出来的。

人生只有一次，不要给自己留下遗憾。从现在开始，把人生这些重要的事情记在心中，不要再让自己后悔。

 目录

第一章
坚持梦想：听从内心的召唤

    人生最重要的事情就是找到自己的梦想，并且付出努力去实现它，只有这样，才能实现自己的人生价值。通往梦想的道路上，我们需要设定目标，把自己的梦想量化为目标，一个个地去实现。只有通过脚踏实地的行动，梦想才会成为现实，而不是空想。现实生活中，我们会受到这样那样的影响，只有听从自己内心的召唤，选择自己喜欢的事情，才能最终实现梦想。

1. 人生的伟大在于梦想 …………………………………… 2
2. 目标是人生的推动力 …………………………………… 5
3. 选对方向才能获得成功 ………………………………… 7
4. 分解目标，循序渐进 …………………………………… 10
5. 做好自己的人生规划 …………………………………… 13
6. 志存高远才能铸造辉煌 ………………………………… 16
7. 不要让梦想变为空想 …………………………………… 18
8. 选择你所感兴趣的 ……………………………………… 20

9. 千万不要丧失自我 …………………………………… 22
10. 别因他人的批评怀疑自己 …………………………… 25

第二章
扩展人脉：朋友多了路好走

人生道路上，我们会遇到这样那样的挫折，如果只是自己一个人孤立地去面对，那么成功将会迟到很多。但如果我们能有志同道合的朋友，在危难之际，能够伸出援助之手，那么我们的成功之路将不再那样艰辛。

1. 提升自己的人际关系 …………………………………… 30
2. 培养好人缘 ……………………………………………… 32
3. 微笑是友善的信号 ……………………………………… 35
4. 不要总把自己当成中心 ………………………………… 38
5. 乐助人者，人必乐助 …………………………………… 41
6. 选择志同道合的人做朋友 ……………………………… 43
7. 争强好胜不如适当退让 ………………………………… 46
8. 记着给别人留面子 ……………………………………… 49
9. 祸从口出，勿逞口舌之快 ……………………………… 52

第三章
建立事业：实现最初的梦想

　　每个人都有一颗事业心，希望自己能干出一番惊天动地的大事来。只是，随着时光流逝，内心那最初的梦想慢慢褪色，我们不再努力，不再拼搏，只是安于现状。几十年后，当青春不再的时候，你肯定会后悔自己当时没有去拼一把、闯一次，即使失败了也不会给自己留下遗憾。为了不让自己后悔，从现在开始，为自己的事业做准备吧。

1. 选对行业是成功的关键 ·················· 56
2. 自我提升，给大脑充电 ·················· 59
3. 一定要有自己的专长 ···················· 62
4. 做好准备，抓住机遇 ···················· 65
5. 养成积极思考的好习惯 ·················· 68
6. 要有不达目的不罢休的精神 ·············· 71
7. 必要时选择迂回前进 ···················· 74
8. 突破思维定式 ·························· 77
9. 敢于超越自己 ·························· 80

第四章
经营婚姻：给爱情一颗淡定的心

婚姻是人生中重要的组成部分。美满的婚姻建立在爱情的基础上，但仅有爱情是不能保证婚姻长久的，婚姻还需要用心去经营。相对来说，女人对婚姻更看重一些，她们希望自己的婚姻能够一路顺利，但是她们不懂得经营，反而把自己的婚姻推向了毁灭。回想一下，你有没有爱唠叨的毛病，你是否经常和伴侣沟通，你懂得他的心吗？

1. 别让唠叨毁灭你们的幸福 …………………………………… 84
2. 控制住你的坏脾气 …………………………………………… 86
3. 真心是婚姻的"保鲜剂" ……………………………………… 89
4. 用沟通解决你们的矛盾 ……………………………………… 93
5. 学会赞美你的男人 …………………………………………… 96
6. 做"大女人"，也要做"小女人" …………………………… 99
7. 试着融入他的朋友圈 ………………………………………… 101
8. 给男人面子就是给自己面子 ………………………………… 103
9. 你要给她的是信任 …………………………………………… 107
10. 用宽容给真爱一次机会 ……………………………………… 110

第五章
回归家庭：用真心回馈家人的爱

人生在世，和我们关系最为密切的莫过于我们的家人了。父母给了我们生命，教会我们为人处世的道理，伴侣陪伴我们度过人生的风风雨雨，孩子则成为我们生命的寄托，他们是我们生命中最重要的人。但是，很多人总是忙碌于自己的工作，以为给家人物质上的满足就足够了。而实际上，家人更需要的是你的真心关爱。

1. 把工作关在家门之外 …………………… 116
2. 女人要平衡好家庭和事业 ……………… 118
3. 百善孝为先，家和万事兴 ……………… 120
4. 母爱值得我们终生仰望 ………………… 122
5. 别忘记父爱给予我们的 ………………… 124
6. 你是否记得父母的生日 ………………… 126
7. 及时回报那份深沉的爱 ………………… 129
8. 别在亲情上计较对错 …………………… 131
9. 孩子需要你的尊重和理解 ……………… 134
10. 抽出一点儿时间给家人 ………………… 137

掌控生活：让心灵呼吸新鲜空气

每个人都有自己的生活，但不是每个人都能掌控自己的生活。有的人成了生活的奴隶，在现实的压力下终日忙碌，却不知道自己的目的是什么。人生是一趟旅程，在这个过程中，我们有自己的目标，但是也不要忽视了沿途的风景。试着让自己轻松一些，给自己一个独处的机会，跟自己的心灵对话，你会发现，生活原来如此美好。

1. 观察自己，认识自己 ………………………………… 140
2. 不要把愿望留到以后 ………………………………… 142
3. 别被欲望所控制 ……………………………………… 144
4. 做自己的时间管理专家 ……………………………… 147
5. 知足才能体验人生的快乐 …………………………… 150
6. 劳逸结合才能保持清醒 ……………………………… 154
7. 给自己一个独处的机会 ……………………………… 157
8. 用豁达的心态看待得失 ……………………………… 159
9. 生命的旅程在于享受 ………………………………… 162

把握未来：相信自己相信明天

人人都渴望有美好的未来，但想到和得到之间还有两个字，那就是做到。想要有一个辉煌灿烂的明天，必须从现在做起。学会走出过去的阴影，不要为了打翻的牛奶而哭泣。把握未来重在脚踏实地地行动，一点一滴地积累自己的知识，改掉自己的坏习惯，用高标准来要求自己。还有一点很重要，那就是：坚持下去。

1. 不要活在过去的阴影中 …………………………… 166
2. 用心耕耘才会有收获 ……………………………… 168
3. 天上不会掉馅饼 …………………………………… 170
4. 要重视知识的积累 ………………………………… 173
5. 做一个有自信的人 ………………………………… 176
6. 勇于超越自己 ……………………………………… 180
7. 习惯决定未来 ……………………………………… 183
8. 每天都是一个新的开始 …………………………… 185
9. 试着从多个角度考虑问题 ………………………… 189
10. 机会属于有恒心的人 …………………………… 191

第八章
关注健康：给人生旅程加满油

健康是成功的基础。很多人为了自己的梦想不知疲倦地工作，有的人实现了梦想却失去了健康，有的人则倒在了奋斗的道路上。这不得不让我们感到痛心。所以，不要把所有的精力和时间都放在工作和事业上，关注一下自己的健康，给自己的人生旅程加满油。

1. 健康是最大的财富 ……………………………… 196
2. 扔掉你手中的烟 ………………………………… 199
3. 不要贪恋杯中物 ………………………………… 203
4. 女性七大健康问题早解决 ……………………… 205
5. 关注中年男人的健康问题 ……………………… 211
6. 保持良好的睡眠 ………………………………… 214
7. 勤于动脑，别让大脑生锈 ……………………… 218
8. 赶走忧虑，保持心理健康 ……………………… 221
9. 学会减压，轻装上阵 …………………………… 223
10. 心病还须心药医 ………………………………… 226

第一章
坚持梦想：听从内心的召唤

人生最重要的事情就是找到自己的梦想，并且付出努力去实现它，只有这样，才能实现自己的人生价值。通往梦想的道路上，我们需要设定目标，把自己的梦想量化为目标，一个个地去实现。只有通过脚踏实地的行动，梦想才会成为现实，而不是空想。现实生活中，我们会受到这样那样的影响，只有听从自己内心的召唤，选择自己喜欢的事情，才能最终实现梦想。

1. 人生的伟大在于梦想

2008年3月24日，国际足联花费巨资赞助拍摄的体育励志题材影片《一球成名》在中国公映。皇家马德里三位当家球星贝克汉姆、齐达内和劳尔集体参与了本片的演出。

这是一部关于成长和梦想的影片，影片的片头字幕是这样的："人因为梦想而伟大。"这部影片给了在庸碌生活中的人们很多感动，它承载着很多人内心时不时蠢蠢欲动的英雄梦想。

《一球成名》主要讲述的是出生在洛杉矶的墨西哥男孩桑蒂亚戈梦想成为一名伟大的足球运动员的故事。他在自己的努力和球探的发掘下，终于为自己赢得了一份签约英超著名俱乐部纽卡斯尔联队的合同，从此要面对完全不同的欧洲联赛舞台。

人生就是一次义无反顾的冒险，有了梦想之后，爱拼才会赢。桑蒂亚戈就是这类典型的成功人士，他矢志不渝地坚持儿时的足球梦想，即使试训狼狈不堪也不改初衷，最终一战成名。

《一球成名》讲的是足球故事，但真正让人为之激动、呐喊并为之流泪的不仅仅是足球，还有我们心中曾有的那个梦想。

人因梦想而伟大，这句话最早是著名影星英格丽·褒曼说的，她是一位被众多影迷深深热爱着的好莱坞的"第一夫人"，多次获得奥斯卡奖。

英格丽·褒曼18岁那年，她的梦想是在戏剧界成名。但是，她的监护人奥图叔叔却要她当一名售货员或者什么人的秘书。为此两人争执

第一章 >>> 坚持梦想：听从内心的召唤

不下，奥图叔叔答应给她一次参加皇家戏剧学校考试的机会。如果考不上的话就必须服从他的安排。

为了能考上皇家戏剧学校，英格丽·褒曼还颇费了一番心思。一方面，她为自己精心准备了一个小品，表演一个快乐的农家少女，捉弄一个农村小伙子。她比他还胆大，她跳过小溪向他走去，手叉着腰，朝着他哈哈大笑。她反复认真地排练这个小品。另一方面，在考试的前几天，她给皇家剧院寄去一个棕色的信封，如果失败了，棕色信封就退回来；如果通过了，就给她寄来一个白色信封，告诉她下次考试的日期。

考试的时候，英格丽·褒曼跑两步在空中一跳就到了舞台的正中，欢乐地大笑，接着说出第一句台词。这时，她很快地瞥了评判员一眼，惊奇地发现评判员们正在聊天，相互大声谈论着，并且比画着。见此情景，英格丽·褒曼非常失望，连台词也忘掉了。她还听到裁判团主席对她说："停止吧！谢谢你……小姐，下一个，下一个请开始。"

英格丽·褒曼听到这话后彻底失望了，她好像什么人也看不见、什么也听不见，在舞台上待了30秒就匆匆下台了。她感到自己的梦想破灭了。

第二天，有人给她送去了白信封。白信封？她有了白信封。她真的拿到了被录取的白信封。

多年后，已成为明星的英格丽·褒曼碰见了那位评判员。闲聊之际，英格丽·褒曼便问道："请告诉我，为什么在初试时你们对我那么不好？"

"不喜欢你？"那位评判员瞪大眼睛望着她，"亲爱的姑娘，你真是疯了！就在你从舞台侧翼跳出来，一来到舞台上的那个瞬间，而且站在那儿向着我们笑，我们就转身彼此互相说着：'好了，她被选中了，看看她是多么自信！看看她的台风！我们不需要再浪费一秒钟了，还有十几个人要测试呐！叫下一个吧！'"

丘吉尔说："人的伟大不在于你在做什么，而在于你想做什么。"如果你期望自己成为什么样子，你就会很容易是什么样子。如果你总是期望那些更高更好更伟大的梦想，并且为之付出艰辛的努力，这种梦想就很容易变成现实。

梦想永远在前方，当你追求自己的梦想时，你会获得发展与成长。梦想在前方召唤你，促使你迎向挑战，引导你更上一层楼。如果你所选择的目标马上就可以做到，那么它或许是一种机会，但绝对不是你的梦想。你的梦想中必须含有某种能激励自我拓展、自我要求的要素，而这些要素也会帮助你不断地成长、改变、进步。

一个真正的梦想必定充满挑战性，正因为它具有挑战性，又是你自己所选择的，所以你一定会积极地想完成它。你的梦想就是你的使命，不仅是一种挑战，同时也是激励你的原动力。

人生的梦想会使你逃脱安逸的环境、迎接挑战。如果你一直安于现状，终会感到失望及不满。你没有成长，不追求挑战，怎么会真的感到满足呢？在你的内心深处，一定在呐喊着：我需要更多、更新、更好的事物，这种希望自己进步的渴求一定在你心中。

一个有梦想勇敢前进的人，即使他目前未达到目标，或成就不大，但是他一定对自己的人生非常满意，因为他的人生方向有情感、有成长。这使他觉得满足而有收获，每一天都过得很有意义。

人生的伟大并不在于你在做什么，而在于你想做什么。

2. 目标是人生的推动力

目标是人生的起点，推动你向着人生的最高点前进；目标是一盏明灯，照亮你的生命；目标是一方罗盘，引导你的人生航向。人生最可怕的敌人，就是没有明确的目标。一个人无论现在多大年龄，他真正的人生之旅是从设定目标的那一天开始的，以前的日子是在绕圈子。

一个人没有明确的目标，就好像一条船在海里漂荡。因为没有它的目标港，所以不管这条船漂了多久，有多少经历风浪的经验，它始终不会到达目的地。一个人不论有多么聪明，有多高的学历，人生阅历多么丰富，只要缺乏人生目标，他一生肯定难成大事。

想成功，就必须确定人生目标，然后努力去做。没有明确的目标是人生一大悲哀和痛苦。人生如果不知道自己想成为什么样的人或生活这条船往哪里去，可能要浪费你几年、几十年甚至一辈子的时光。

哈佛大学曾经对应届毕业生做了一个调查报告，他们询问在应届毕业生中有多少人有明确的人生目标。结果只有3%的人有明确的人生目标并且写在了日记本上，他们把这些人列为第一组。另外有13%的人在脑子里有人生目标但没有写在纸上，他们把这些人列为第二组。其余84%的人都没有明确的人生目标，他们的想法是完成毕业典礼后先去度假放松一下，这些人被列为第三组。

10年后，哈佛大学又把当初的毕业生全部召回来做一次新的调查，结果发现：第二组的人，即那些有人生目标但没有写在纸上的毕业生，他们每个人的年收入平均是那些84%没有人生目标毕业生的两倍；第一组的人，即那些3%的有明确人生目标并写在日记本上的人，他们的年收入是第二组和第三组人的收入相加后的10倍。也就是说，如果那97%的人加起来一年挣一千万美元，那么这3%的人加起来的年收入是一个亿。

这个调查很清楚地表明，确定明确的人生目标并写在纸上的重要性。那些97%的毕业生看到这个结果后都大为吃惊，他们很后悔当初没能花点时间来确定自己的人生目标并很清楚地写在日记本上。

这个调查揭示了什么？成功的秘密就是设定明确的人生目标。这会有一种超乎寻常的功能，使一个人的成功超过平常人十倍，百倍。请你多看一些成功人物的传记和人生故事，从他们的人生轨迹中可以悟出一个道理：成功者的成功，首先是有明确的人生目标。

人生犹如走路，在行进中你的目标是什么呢？

有一块石头在深山里寂寞地躺了很久，它有一个梦想：有一天能够像鸟儿一样飞翔。当它把自己的理想告诉同伴时，立刻招来同伴们的嘲笑："瞧瞧，什么叫心比天高，这就是啊！""真是异想天开！"……这块石头不去理会同伴们的闲言碎语，仍然怀抱理想等待时机。

有一天，一个人路过这里，它知道这个人有非凡的智慧，就把自己的梦想告诉了他，这个人说："我可以帮你实现，但你必须先长成一座大山，这可是要吃不少苦的。"石头说："我不怕。"

于是石头拼命地吸取天地灵气，承接雨露惠泽，不知经过了多少年，受了多少风雨的洗礼，它终于长成了一座大山。于是，这个人招来大鹏以翅膀击山，一时间天摇地动，一声巨响后，山炸开了，无数块石头飞向天空，就在飞的一刹那，石头会心地笑了。

在山体迸裂的那一瞬间，石头实现了它的理想。在实现理想的过程中，石头每天的目标就是吸取更多的天地灵气，承接更多的雨露惠泽。石头每天认真地实现目标，当它长成大山的那一天，飞翔的理想终于实现了。

从这则故事中我们不难体会到目标对于一个人的重要。它是理想实现的前提，也是实现理想的动力。

很多人感叹："如果能够重新再来一次，我将做……"、"如果我再年轻几年，就能做更多的事……"因为当初没有明确的目标，所以错过了许多人生的乐趣，生命里有了很多的遗憾。

设定目标是成功的开始。无论人生的哪一个阶段，你都要有一个适合自己的发展目标，并且坚持着自己的目标。有了目标，你的生活总是充满了憧憬和希望，能够时刻以一种乐观向上的姿势迎接挑战，就算跌倒也会很快找到爬起的支点，一步一步地向成功迈进。

只要你一心向着自己的目标前进，整个世界都给你让路。人生最可怕的敌人，就是没有明确的目标。

3. 选对方向才能获得成功

有人问著名物理学家杨振宁："人生最重要的事情是什么？"杨振宁回答："方向正确。我很幸运，因为我的方向是正确的。"的确，人只有掌握正确的方向，才能创造成功的人生。

人生是一场竞技，不仅要付出努力，更要方向正确。坚强和毅力固然可敬，但只有在正确的方向下才会发挥作用，选错了人生方向，就会与成功背道而驰。

20世纪40年代，有一个年轻人，先后在慕尼黑和巴黎的美术学校学习画画。二战结束后，他靠卖画为生。一天，他的一幅未署名的画被人误认为是毕加索的作品而出高价买走。这件事情给了他启发，于是他开始全面地模仿毕加索，出售假画。

20年后，他决定不再仿冒毕加索，于是来到西班牙的一个小岛定居。他拿起画笔，画了一些风景和肖像画，每幅画都署上了自己的真名。这些画过于感伤，主题也不明确，根本得不到人们的认可。

不久，当局查出他就是那位躲在幕后的假画制造者，考虑到他是一个流亡者，没有将他驱逐出境，而是判了他两个月的监禁。

毋庸置疑，那个年轻人有独特的天赋和才华，但是由于没有找准自己的方向，终于陷进泥淖之中不能自拔。虽然他也曾一时暴富，但他终日惶惶不安，并终究难逃败露的结局。最为可惜的是，在长时间模仿他人的过程中，他渐渐迷失了自己，再也画不出真正属于自己的作品了。

可见，一个人如果走上了错误的路，等待他的将是失败和痛苦。他在暗自神伤的时候，又是何等痛苦与悔恨，但是木已成舟，无法挽回。

人生除了积极地追求，勇于付出辛苦的汗水以外，还要注意拼搏的方向。方向找对了，成功是早晚的事；方向错了，走的再快也是南辕北辙。当一个人把努力用在错误的方向上时，其失败就已经命中注定。

《南辕北辙》的寓言故事告诉我们，做事要先看准方向，才能充分发挥自己的有利条件；方向错了，有利条件只会起到相反的作用。现在我们已经知道地球是圆的，理论上讲那个南辕北辙的人最后也能到达目的地，但是他所花费的时间、金钱是多少呢？做人做事也是一样，方向弄错了，成功的几率就会很小，即使成功也会浪费很多的人力、物力、财力。

第一章 >>> 坚持梦想：听从内心的召唤

一粒种子的方向是冲出土壤寻找阳光；一条根的方向是伸向土层汲取更多的水分。人生同样如此，正确的方向会引领我们踏入成功之门，错误的方向则让我们误入歧途，甚至遗恨终生。

对人生而言，努力很重要，但选择好努力的方向更重要。很多人不能成功，原因在于方向的错误。许多人埋头苦干，却不知所为何来，到头来发现成功的阶梯搭错了方向，为时已晚。

有人把一只蜜蜂和一只苍蝇同时放进一个瓶子里。蜜蜂不停地咬，希望咬破这个瓶子飞出去。三天后，它死在瓶子里。苍蝇在瓶子里转了几圈后，发现四周都很坚固，就飞到瓶口处，意外地发现那里有一个出口，就飞出去了。

很多人终身劳碌，一无所获，只因找错了方向，把精力用错了地方！生活之路弯路多，找对方向才是发挥自己勇敢精神的正确归宿。所以，我们努力做事的时候，一定要弄清楚方向是否正确。

历史上有不少人有过这样美好的愿望：制造一种不需要动力的机器，它可以源源不断地对外界做功，这样可以无中生有地创造出巨大的财富来。在科学历史上从没有过永动机成功的。能量守恒定律的发现使人们认识到：任何一部机器，只能使能量从一种形式转化为另一种形式，而不能无中生有地制造能量。因此，根本不能制造永动机。那些追求永动机的人们，愿望是好的，也不缺乏刻苦钻研的精神，只是他们做事情违背客观规律，所以失败了。

所以，有的人失败了，不是没有能力，而是选择错了方向，定错了目标。成功者的秘诀是：随时检查自己的选择是否有偏差，合理地调整目标，轻松地走向成功。

牛顿早年就是永动机的追随者,在进行了大量的实验失败之后,他很失望,但他很明智地退出了对永动机的研究,在力学研究中投入了更大的精力。最终,许多永动机的研究者默默而终,而牛顿却因摆脱了无谓的研究,在其他方面脱颖而出。

在人生的关键时刻,我们要审慎地运用智慧,做正确的判断,选择正确方向。每次正确无误的抉择将指引你走在通往成功的坦途上,你就能达到人生的预期目标,抵达人生的辉煌。

方向的选择往往随时间而改变,因为梦想和目标都需要时间慢慢培养。如果你能让梦想自由发展,给它更多的空间和时间,让它在你心中沉淀,这样你的选择会更加正确。

方向找对了,成功是早晚的事;方向错了,走得再快也是南辕北辙。

4. 分解目标,循序渐进

在现实生活中,许多人都曾有过伟大的抱负和梦想。可是,那些遥远的未来,往往只能给他们带来短暂的精神上的快慰与欢娱。在他们的潜意识里,总觉得那个目标太远、太大,难以实现。所以,他们最后都放弃了目标和信仰,放弃了努力和方向,浑浑噩噩,碌碌一生。

设立目标虽然重要,可对于我们要实现的终极目标来说,不过是万里长征,刚迈出第一步。不积跬步,无以至千里;不积小流,无以成江海。如果我们能将远大的目标进行分解,那么目标的达成就举重若轻。

山田本一是1984年东京国际马拉松邀请赛的冠军获得者,同时也是1986年意大利国际马拉松邀请赛的冠军。在此之前,他只是一个名不见经传的小人物。

我们知道,马拉松赛是一项考验体力和耐力的运动,只有身体素质好又有耐性的人才有望夺冠,爆发力和速度都是次要因素,而山田本一在体力和耐力上都不能算是最佳选手。那山田本一又是怎样获得成功的呢?

在接受采访中,他这样说:"每次比赛前,我都要乘车把比赛的路线仔细看一遍,并把沿途比较醒目的标志画下来,比如第一个标志是一棵大树;第二个标志是银行;第三个标志是一所红房子……这样一直画到比赛的终点。比赛开始后,我就以百米的速度奋力冲向第一个目标,等到达第一目标之后,又以同样速度向第二个目标冲击。40多公里的赛程,就被我分解成这么多个小目标轻松跑完了。起初,我并不懂得这样的道理,我把我的目标定在40多公里之外终点线上的那面小旗帜上,结果我跑到十几公里的时候就疲惫不堪了,我被前面那段遥远的路程给吓倒了。"

山田本一成功的奥秘就在于将最终目标分解为几个小目标,在每一个小目标中都以最饱满的激情和动力来完成,从而取得最后的胜利。

将远大的人生目标分解成一个又一个阶段性的目标,为每个阶段性目标做好周密的计划并按计划落实,只有这样,才能真正迈上成功的阶梯。

1961年,美国总统肯尼迪在一次著名的演讲中提出了一个振奋整个美国的理想:"美国要在1970年以前将宇航员送上月球,然后再把他安全地带回地球。"但是,当时很少有人知道该如何实现这个理想。为此,科学家们把登月的长期目标分解为若干个阶段目标。例如,为了将一个人送上月球，我们必须先达到载人绕月的阶段目标；而在那之前，我们必须知道如何让宇航员环绕地球飞行；当然，我们必须拥有大推力的运载火箭，以便将人员和设备送离大气层……

按照这样的思路，美国太空总署制订了周密的登月计划，该计划的主要阶段目标包括：（1）发射火箭到大气层；（2）环绕地球；（3）发射火箭，环绕月球；（4）月球着陆器从火箭中分离，在月球表面降落；（5）月球着陆器离开月球，与轨道舱会合；（6）返回地球；（7）进入大气层；（8）返回舱安全坠入大海。

接下来，太空总署将每一个阶段目标更进一步地分解为更小的目标。例如，为了在月球着陆，必须先对月球表面进行勘察，并从拍摄的照片中找到最佳着陆点；然后，还需要做无人着陆登月实验；最后，才由宇航员驾驶登陆器在月球表面着陆。

就这样，在所有参与者的不懈努力下，上述周密而完善的计划一步一步变成了现实，美国果然在1970年之前实现了肯尼迪总统提出的伟大理想：

1961年，宇航员进入外太空；

1962—1963年，宇航员环绕地球三圈；

1964年，拍摄了近距离的月球表面照片；

1965年，美国宇航员在太空漫步；

1966年，无人登陆器在月球表面降落；

1967年，两艘飞船成功实现外太空会和；

1968年，成功绕月球飞行一周；

1969年，人类首次登陆月球。

由此可见，远大的梦想必须进一步分解为一个个细小的目标，然后再分解为年计划、月计划、周计划、日计划,并不断检验核查计划实施后的结果。

很多时候,人们都会被那过于远大的梦想吓倒,从而丧失为之拼搏的勇气。但实际上,梦想是可以实现的。重要的是,我们要学会把目标分解为一个个阶段性的小目标,将自己的梦想看成一棵载满小目标的目录树,然后一个个去攻克,这要比一个横亘在那里的庞然大物容易解决得多。

5. 做好自己的人生规划

很多人认为,个人努力很重要,结果就要看运气了。其实,盲目地"个人努力",正是现代人的通病。人生是可以设计的,成功人生更需要规划。

威廉·乔治是美国利敦微波公司的总裁,这家公司所取得的经济效益令同行们刮目相看。建立像利敦这样的大公司并力争获得辉煌业绩,是乔治学生时代的梦想,而他在30岁那年就实现了这一梦想。

乔治在大学时就注重自己的人生设计。乔治的计划是这样的:先在大学攻读技术与管理专业,毕业后进入政府机构锻炼人际交往能力,然后加盟小公司寻找实践机会,最后成为大企业的高级主管。这一设计为乔治今后事业的成功画出了预定轨迹。

当他进入政府机构并晋升为美国海军总司令特别助理时,他毅然辞去这个让人羡慕的职务去一家小公司供职。他这样做,正是为了完成自己计划的第三步任务。由于乔治本人的努力,他终于实现了自己设计的目标，坐上了利敦微波公司的头把交椅。

人生设计，对每一个人的成长和发展至关重要。众多成功者的经验证明，人生是需要设计的，人生是可以设计的，有无人生设计对于一生事业的发展和生活质量的提高极为重要。没有人生规划的人，一般来说是难以成就大业的。

外国人就业面试时碰到的第一个问题往往是"你能描绘一下三年（或五年）以后你的事业上的情景吗"？而传统理念认为，世事无常，谁能料到今后三年或是五年的事情呢。其实，"人生设计"的理念要求的是在人生的每一分钟里，都要有坚定的、像水晶一样清晰的奋斗目标。这个目标并不需要一生不变，是可以根据情况不断调整的。我们可以规划人生，预知自己的未来，适当调整自己的人生轨道，实现自我价值，获得如意人生。

人生定位是人生发展规划的第一步。人生定位是确认自己人生的理想和目标，即确认自己应当成为什么样的人，不同的人不同的情形会有不同的定位。

人生发展策略规划则是人生发展规划的第二步。人生策略规划是人们通过什么样的方法或途径取得成功。诸葛亮先是长期躬耕垄亩，然后是结交至友，借助师友和自我宣传推广自己，以便声播天下，择良主而侍。这就是诸葛亮的人生发展策略。

分解人生发展阶段、制定各阶段目标措施则是人生发展规划的第三步。在此基础上，我们还必须制订详细的年度奋斗计划。在不同的时期，需要实现的阶段性目标不同，实现目标的措施也不同。目标越清晰越好，对目标的界定越明确越好。

有了方向，我们的生命之箭就能飞达目的地吗？不一定，因为会受到风向、风速或者其他不利因素的影响。我们需要对这些不利的影响进行修正，生命之箭才能击中目标。

世界著名成功学大师安东尼·罗宾曾经请了一位调音师到家里给孩子的钢琴调音，这位调音师技能高超，仔细地锁紧了每一根琴弦，使它们都绷得恰到好处，能够发出正确的音符。

调音师完成整个调音工作后，罗宾问他要付多少钱。调音师笑一笑说："不急，等我下次来的时候再付吧！"罗宾不解地问道："下次？你这是什么意思？"调音师说："明天我还会再来，然后一连4个星期每周来一次，再接下来每3个月来一次。"

罗宾听了一头雾水，不由得问道："钢琴不是已经调好音了吗？难道还有问题？"调音师清了清喉咙说道："我是调好音了，可是那只是暂时的，要让琴弦能保持在正确的音符上，就必须继续调整，所以我得再来几次，直到这些琴弦能始终维持在适当的绷紧程度。"

听完他的话，罗宾不禁感叹："原来调琴还有这么大的学问！"

那天，调音师给罗宾上了重要一课。如果我们希望目标能维持长久直至实现，那就得像钢琴的调音工作一样不断地修正。在追求的过程中，要时时注意不要让自己偏离方向，在任何时候都必须做好发现、改善和修正的准备。

就像从地球发射一个火箭到达月球，火箭飞向月球的整个过程中，只有3%的时间是在完全朝向月球的轨道上，没有丝毫偏移，在其余97%的时间里则一直都在修正，才能最终飞抵月球。

人生也是如此。我们从开始制定人生目标，一直朝着这个目标努力，可能因为各种无法预测或无法控制的因素而导致路线的偏差。人生路线的偏离如果不及时修正，我们就会离开正确的轨道越走越远。

所以，在追求成功的过程中，及时地发现和修正偏差是必不可少的。作家米兰·昆德拉曾说："每粒种子，都有适合自己生长的土壤。"因此，我们要做的就是不断追求那种最适合自己生长的土壤。

人生犹如一张设计图，你开始为自己进行的设计不一定是最好的，需要你在前行的道路中不断修正和改变，最终达到完美。人生漫漫旅程中，我们需要不断修正自己的方向才能到达终点。人生需要总结，在不断的总结过程中得到提高。

人生的脚本是需要不断修正的，这样才是最合适你的人生选择。我们每作出一次正确的选择，人生的道路就会为之改变，生活的品质也就为之提升。

6. 志存高远才能铸造辉煌

拿破仑说："不想当将军的士兵不是一个好士兵。"这句话告诉我们，人要有志向，志向决定着一个人努力和判断的方向，志向的大小决定着人生的高度。

战国末期，李斯从一介布衣崛起为大秦决定性人物，助秦王灭六国、削重臣、夺军权、震宗室，何其辉煌。改变了李斯一生，改变了中国历史进程的，却是一件偶然的小事，或者说应该是李斯不甘平庸的志向。

李斯青年时曾为郡中小吏，主管乡文书事宜。常常在厕所中见到老鼠辛辛苦苦地觅食，但得到的仍是污秽不堪的可怜的一点点食物，饥寒交迫，且又常受人和狗的惊扰，惶惶不可终日。再看粮仓中的老鼠，吃的是人囤积的好粮谷，住的是"高屋大厦"，而且没有人和狗的干扰，饱食终日，无忧无虑。于是李斯感叹说："一个人有无出息就像这老鼠，在于能不能给自己找到一个优越的环境。"李斯由此觉悟，这对他的一生取向具有决定性的意义。

后来，他投到当时大儒家荀卿名下，学习帝王之术。学成之后，他看到楚王胸无大志，不足与为谋；又看到六国相继日渐衰弱，无从建立号令天下之奇功。只有秦国，经历了秦孝公以来的六世，特别是秦昭王以后，已经奠定了雄踞于七国之首、可对诸侯国颐指气使、发号施令的政治、军事、经济基础，可望代替已名存实亡的周室而一统天下。

于是李斯对荀卿说："秦王想吞并诸侯，一统天下，成就帝王大业，这是智谋之士奔走效力、建功成名的大好时机。处于卑贱的地位而不思有所作为、改变这种境遇的人，与禽兽无异。人的耻辱莫大于卑贱，悲哀莫甚于穷困。我将西行入秦，去为秦王出谋划策，建功立业。"

公元前250年，秦孝文王去世，太子子楚继位，就是秦庄襄王。吕不韦当上了丞相，被封为文信侯。秦王政继位时年龄小，大权握在太后赵姬与丞相吕不韦手中。李斯投到吕不韦门下，一直勤勉谨慎，殚精竭虑，终于受到吕的青睐，被任为郎，从此参与政事。

后来，李斯有机会与秦王会面，得到秦王的支持。他软硬兼施，远交近攻，以武力为后盾，用金钱开路，执"连横"计劝诱六国中止同别国的"合纵"。不消几年，战果累累，李斯也借此被秦王称为客卿，进到了秦国领导集团的核心。

一个人的志向决定了他个人的发展方向，他会沿着志向指定的方向做出自己的努力。志向是成功的向导，是生命奇迹的源泉，志向远大的人更容易成功。

当年，秦始皇南巡，仪仗万千威风凛凛。年轻的刘邦和项羽见到后，分别发出了"大丈夫生当如此"和"彼可取而代之"的慨叹，刘项二人后来果然成就了楚汉霸业。

秦末，陈胜在田间歇息的时候怅然叹息"苟富贵，无相忘"。此话遭到了同伴的讥笑，陈胜却说："燕雀怎么会懂得鸿雁的志向呢。"后来，陈胜成为抗击秦二世暴政的农民起义领袖。

年轻的诸葛亮躬耕于南阳时，曾自比于管仲、乐毅，后来出山辅助刘氏，最终实现了三分天下匡复汉室的理想。

时势造英雄固然不假，但英雄年轻时肯定有超越常人的宏伟志向。伟大的目标造就伟大的人物，志向渺小的人注定会走平庸的人生之路。胸无大志，焉能铸造辉煌的人生？

人要有志向，不能庸庸碌碌，浑浑噩噩，让青春年华在琐屑而繁忙的生活中渐渐逝去，让意志在平淡无奇的日子里悄悄消磨。我们要告别平庸，早一天就多一份人生的精彩，迟一天就多一天平庸的困扰。

一个人的志向决定了他个人的发展方向，他会沿着志向指定的方向做出自己的努力。

7. 不要让梦想变为空想

有了梦想就要积极地把它付诸行动，否则梦想就会变成空想。

林雪是一个幸福的都市女孩，她的父亲是个成功的企业家，母亲则是一名大学教授。命运似乎特别宠爱她，除了良好的家庭背景外，又给了她一副漂亮的脸蛋和甜美的嗓音。林雪最大的理想是成为一名电台节目主持人，她相信自己有这方面的才干，因为她口齿伶俐，反应敏捷，既活泼又大方，她常对朋友说："只要有人给我一次机会，我就一定会成功！"但她为自己的梦想做了些什么呢？其实什么也没有。她希望在自己逛街或别的什么时候被星探发现，要不然在某个场合碰上一个英明的节目制作人，她每天都在不切实际地期待着，然而奇迹一直也没有发生。因为谁也不会请一个毫无经验的人去担任电台节目主持人，而且节目的主管也没兴趣跑到外面去搜罗天才。

另一个叫钟爽的女孩却实现了林雪的理想，成了一名著名的电台主持人。钟爽之所以会成功，就是因为她知道，世上没有天上掉馅饼的美事，所以不能坐在家里等机会出现。她一边在大学的舞台艺术系念夜校，一边想方设法在电台打零工，再苦再累也不计较，一年之后，她成功地赢得了主管的注意，并在电台选秀中脱颖而出。刚开始，钟爽只能播报天气预报之类的节目，但两年后她就获得了提升，成为了梦想已久的节目主持人。

梦想贵在身体力行，空谈坐等是什么事也做不成的。林雪拥有良好的条件，却没能实现自己的梦想，这是因为只会幻想的人得不到真正的机会。生活中像林雪这样渴望天上掉馅饼的人并不少见，这些人沉湎于梦想之中，希望有一天梦想能变成现实。但事实上，这些人永远不会实现梦想，原因很简单，光想不做只是空想，只有行动才能让梦想成真。人的梦想都是确定容易实现难，然而若积极地做出行动，难的也会变容易。

心动不如行动，如果你有一个美丽的梦想，那就赶快行动起来吧！勇敢地迈出第一步，你就是在走向成功。

8. 选择你所感兴趣的

很多时候，我们做选择需要参考外部环境，需要听从过来人的看法，但是最重要的是听从自己内心的召唤，选择自己的兴趣所在。因为只有自己才能对自己的选择负责任，其他任何人都没有这个能力。选择感兴趣的更容易成功，因为兴趣是活动的重要动力之一，是成功的重要条件。

首先，兴趣可影响人们的职业定向和职业选择。在求职中，人们常会考虑到自己对某方面的工作是否有兴趣。兴趣发展一般经历有趣、乐趣、志趣三个阶段。从有趣开始，逐渐产生乐趣，进而与奋斗目标相结合，发展成为志趣，表现出方向性和意志性的特点，使人坚定地追求某种职业，并为之尽心竭力。

其次，兴趣还可以开发人的能力，激发人们探索和创造。一个人对某事物感兴趣，会激发起他对该事物的求知欲和探索热情，促使他充分调动整个身心的积极性，使情绪饱满，智能和体能进入最佳状态，最大限度地施展才华、挖掘潜力，发挥人的主动性和创造性，有助于成功。

另外，兴趣可以增强人的适应性。研究资料表明，如果一个人对某一工作有兴趣，能发挥他全部才能的80%~90%，并且能长时间地保持高效率而不感到疲劳；相反，对某工作不感兴趣，在这方面只能发挥全部才能的20%~30%，也容易感到疲劳、厌倦。广泛的兴趣可以使人善于应付多变的环境，即使变换工作性质，也能很快熟悉和适应新的工作。

第一章 >>> 坚持梦想：听从内心的召唤

在选择自己的生存途径时，我们需要知道自己对哪类工作感兴趣并能满足自己的意愿。只有将能力和兴趣结合起来考虑，才更有可能取得事业的成功。

有一个男孩子，父母希望他能成为一位体面的医生。可是男孩读到高中时便被计算机迷住了，整天鼓捣着一台现在看来十分落后的苹果机，他把计算机的主板拆下又装上。

父母很伤心，告诉他，应该用功念书，否则根本无法立足社会。可是，男孩说："我对电脑很感兴趣，有朝一日我会开一家公司。"父母根本不相信，还是千方百计按自己的意愿培养男孩，希望他能成为一位医生。

不久，男孩终于按照父母的意愿考入了一所大学的医科，可是他只喜欢电脑。在第一学期，他从当时零售商处买来降价处理的个人电脑，在宿舍里改装升级后卖给同学。他组装的电脑性能优良，而且价格便宜。不久，他的电脑不但在学校里走俏，而且连附近的法律事务所和许多小企业也纷纷前来购买。

第一个学期快要结束的时候，他告诉父母，他要退学。父母坚决不同意，只允许他利用假期推销电脑，并且提出条件，如果一个夏季销售不好，那么必须放弃电脑。可是，男孩的电脑生意就在这个夏季突飞猛进，仅用了一个月的时间，他就完成了18万美元的销售额。

他的计划成功了，父母很遗憾地同意他退学。

他组建了自己的公司，打出了自己的品牌。在很短的时间内，他良好的业绩引起投资家的关注。第二年，公司顺利地发行了股票，他拥有了1800万美元的资金，那年他才23岁。

10年后，他创下了类似于比尔·盖茨般的神话，拥有资产达43亿美元。他就是美国戴尔公司总裁迈克尔·戴尔。

正是他对自己的兴趣理智地做出了选择,从而成就了后来的辉煌。所以,当你选择生存之路时,千万别让你的兴趣在遗憾中消磨殆尽,而应该紧抓兴趣,创出一番不凡的事业。

9. 千万不要丧失自我

不能保持自己的本来面目,这是困扰很多人的一个问题。那么这些人为什么不能保持真我本色?追根究底,就是他们的虚荣心在作怪,因为他们太过于关心别人对自己的看法,为了得到更多人的支持,或者为了营造和谐的人际关系,再或者为了某一个目的,他们逐渐地丧失了自我,开始盲目地追随别人,并以别人的观点来看待问题和做事情。可以说,他们时刻活在别人的目光里,从来没有为自己活过。

老张一心一意想升职,可是从青春年少熬到斑斑白发,却还只是个小职员。他为此极不快乐,每次想起来就掉泪。有一天下班了,他心情不好没有着急回家,想想自己毫无成就的一生,越发伤心,竟然在办公室里号啕大哭起来。

这让同样没有下班回家的一位同事小李慌了手脚,小李大学毕业,刚刚调到这里工作,人很热心。他见老张伤心的样子,觉得很奇怪,便问他到底为什么难过。

老张说:"我怎么不难过?年轻的时候,我的上司爱好文学,我便学着做诗、写文章,想不到刚觉得有点小成绩了,却又换了一位爱好科学的上司。我赶紧又改学数学、研究物理,不料上司嫌我学历太浅,不够老成,还是不重用我。后来换了现在这位上司,我自认文武兼备,人也老成了,谁知上司又喜欢青年才俊,我……我眼看年龄渐高,就要退休了,一事无成,怎么不难过?"

可见,没有自我的生活是苦不堪言的,没有自我的人生是索然无味的,丧失自我是悲哀的。要想拥有美好的生活,自己必须自强自立,拥有良好的生存能力。没有生存能力又缺乏自信的人,肯定没有自我。一个人若失去自我,就没有做人的尊严,就不能获得别人的尊重。

老张的做法不禁让我们想起了一个笑话:一个小贩弄了一大筐新鲜的葡萄在路边叫卖。他喊道:"甜葡萄,葡萄不甜不要钱!"可是有一个孕妇刚好要买酸葡萄,结果这个买主就走掉了。小贩一想,忙改口喊道:"卖酸葡萄,葡萄不酸不要钱!"可是任凭喊破嗓子,从他身边走过的情侣、学生、老人都不买他的葡萄,还说这人是不是有神经病啊,酸葡萄卖给谁吃啊!再后来,卖葡萄的就开始喊了:"卖葡萄来,不酸不甜的葡萄!"

可见,活着应该是为了充实自己,而不是为了迎合别人的旨意。没有自我的人,总是考虑别人的看法,这是在为别人而活着,所以活得很累。就像上面故事中的老张,为了自己能够升职,不得不去迎合自己的领导,可是这恰恰使他失去了自己最宝贵的东西——真我本色。而在他不断地根据不同领导的口味调整自己做人与做事的"策略"的时候,时间飞快地流逝,同时他也真正失去了"升职"的机会,落得一事无成。

有一个人带了一些鸡蛋上市场贩卖,他在一张纸上写着:新鲜鸡蛋在此销售。

有一个人过来对他说:"老兄,何必加'新鲜'两个字,难道你的鸡蛋不新鲜吗?"他想一想有道理,就把"新鲜"两个字涂掉了。

不久又有人对他说:"为什么要加'在此'呢?你不在这里卖,还会去哪里卖?"他也觉得有道理,于是又把"在此"涂掉了。

一会儿,一个老太太过来对他说:"'销售'二字是多余的,不是卖蛋难道会是白送的吗?"他又把"销售"涂掉了。

这时又来了一人,对他说:"你真是多此一举,大家一看就知道是鸡蛋,何必写上'鸡蛋'两个字呢?"

结果,他把所有的字都涂掉了。

你不必去考虑那个卖蛋人写的字是否合理,但你要记住,任何时候做任何事情,都先要清楚地知道自己在做什么,他人的意见只能成为参考,而不能一味地为了迎合别人改变自己的观点。

一个人的主见往往代表了这个人的个性,一个为了迎合别人而抹杀自己个性的人,就如同一只电灯泡里面的保险丝烧断了一样,再也没有发亮的机会。无论如何,你要保持自己的本色,坚持做你自己。

有一个女孩从小就很喜欢唱歌,她梦想将来能成为一名歌唱家,并且为此苦练基本功,付出了艰苦的努力。

然而,美中不足的是她的牙齿长得凹凸不齐。她常常深感苦恼,不知如何是好,只得尽量掩饰。

一天,她在新泽西州的一家夜总会里演唱时,设法把上唇拉下来,盖住难看的牙齿。结果弄巧成拙,洋相百出。因为表演失败,她哭得很伤心。

这时候,台下的一位老太太走到她身旁,亲切地说:"孩子,你是很有音乐天分的,我一直在注意你的演唱,知道你想掩饰的是自己的牙齿。其实,长了这样的牙齿不一定就是丑陋,听众欣赏的是你的歌声,而不是你的牙齿,他们需要的是真实。"

"孩子,你尽可以张开你的嘴引吭高歌。如果听众看到连你自己都不在乎的话,好感便会油然而生。"老太太接着说,"那些你自己想去遮掩的牙齿,或许还会给你带来好运,你相信不相信?"

从此以后,女孩再也不刻意去隐藏自己的牙齿,而是放下包袱,张大嘴巴尽情地高歌。正如那位老人所说的那样,她最后成为了美国著名的歌唱家,不少歌手都纷纷模仿她,学她的样子演唱。

每个人都不可能完美无缺,每个人也不可能赢得所有人的喜欢,只有从内心接受自己,喜欢自己,坦然地展示真实的自己,才能拥有成功的人生。

10. 别因他人的批评怀疑自己

一个人在一生中总会遭到这样或那样的批评,越是做大事遭到的批评就越多。但你绝不能因为别人的批评,就怀疑自己,只要你确信自己是对的,就该坚定地一直走下去。

1929年,美国发生一件震动全国教育界的大事,美国各地的学者都赶到芝加哥去看热闹。在几年前,有个名叫罗勃·郝金斯的年轻人,半工半读地从耶鲁大学毕业,当过作家、伐木工人、家庭教师和卖成衣的售货员。现在,只经过了8年,他就被任命为美国第四资本雄厚的大学——芝加哥大学的校长。他有多大?30岁!真叫人难以相信。老一辈的教育人士都摇着头，人们的批评就像山崩落石一样一齐打在这位"神童"的头上，说他太年轻了，经验不够；说他的教育观念很不成熟……甚至各大报纸也参加了攻击。

在罗勃·郝金斯就任的那一天，有一个朋友对他的父亲说："今天早上我看见报上的社论攻击你的儿子，真把我吓坏了。"

"不错，"郝金斯的父亲回答说，"话说得很凶。可是请记住，从来没有人会踢一只死了的狗。"是的，没有人去踢一只死狗。别人对你的批评往往从反面证明了你的重要。你的成就引起了别人的关注。所以，在你被别人批评、品头论足、无端诽谤时，你无须自卑，走好自己的路，让他们去说吧。

马修·布拉许当年还在华尔街40号美国国际公司任总裁的时候，承认对别人的批评很敏感。他说："我当时急于要使公司里的每一个人都认为我非常完美。要是他们不这样想的话，就会使我自卑。只要哪一个人对我有一些怨言，我就会想法子去取悦他。可是我所做的讨好他的事情，总会使另外一个人生气。然后等我想要取悦这个人的时候，又会惹恼了其他的一两个人。最后我发现，我越想去讨好别人，以避免别人对我的批评，就越会使我的敌人增加，所以最后我对自己说：'只要你超群出众，你就一定会受到批评，所以还是趁早习惯的好。'这一点对我大有帮助。从那以后，我就决定只尽我最大能力去做，而把我那把破伞收起来。让批评我的雨水从我身上流下去，而不是滴在我的脖子里。"

狄姆士·泰勒更进一步。他让批评的雨水流进他的脖子，并为这件事情大笑一番——而且当众如此。有一段时间，他在每个礼拜天下午的纽约爱尔交响乐团举行的空中音乐会休息时间，发表音乐方面的评论。有一个女人写信给他，说他是"骗子、叛徒、毒蛇和白痴"。

泰勒先生在他那本叫做《人与音乐》的书里说："我猜她只喜欢听音乐，不喜欢听讲话。"在第二个礼拜的广播节目里，泰勒先生把这封信宣读给好几百万的听众听——几天后，他又接到这位太太写来的另外一封信，"表达她丝毫没有改变她的意见，"泰勒先生说，"她仍然认为，我是一个骗子、叛徒、毒蛇和白痴。"

面对他人的品评、批评，谁都不可能没有压力，关键是看你如何对待。如果你在心里接受了别人的批评，并暗示自己在别人眼里是多么的不完美，被人鄙视。自卑就会像一个影子随时跟着你，影响你。如果你能将别人的不公正的批评置之脑后，继续走自己的路，那么所有的事情都会不攻自破。如果你能对他们笑一笑，受害的人就不会是你。

查尔斯·舒伟伯对普林斯顿大学学生发表演讲的时候表示，他所学到的最重要的一课，是一个在钢铁厂里做事的老德国人教给他的。"那个老德国人进我的办公室时，"舒伟伯先生说，"满身都是泥和水。我问他对那些把他丢进河里的人怎么说？他回答说：'我只是笑一笑。'"

舒伟伯先生说，后来他就把这个老德国人的话当作他的座右铭："只笑一笑。"

当你成为不公正批评的受害者时，这个座右铭尤其管用。别人骂你的时候，你"只笑一笑"，骂人的人还能怎么样呢？

林肯要不是学会了对那些骂他的话置之不理，恐怕他早就受不住压力而崩溃了。他写下的如何处理对他的批评的方法，已经成为一篇文学上的经典之作。在第二次世界大战期间，麦克阿瑟将军曾经把这个抄下来，挂在他总部的写字台后面的墙上。而丘吉尔也把这段话镶了框子，挂在他书房的墙上。这段话是这样的："如果我只是试着要去读——更不用说去回答所有对我的攻击,这个店不如关了门,去做别的生意。我尽我所知的最好办法去做——也尽我所能去做,而我打算一直这样把事情做完。如果结果证明我是对的,那么即使花十倍的力气对我来说是错的,也没有什么用。"

别人的批评无论对错,你都无法制止。尤其是你位高权重时,你更需面对这样的舆论。笑一笑,你无须关注太多,更无须为他人的舆论自卑。

••• 第二章
扩展人脉：朋友多了路好走

人生道路上，我们会遇到这样那样的挫折，如果只是自己一个人孤立地去面对，那么成功将会迟到很多。但如果我们能有志同道合的朋友，在危难之际，能够伸出援助之手，那么我们的成功之路将不再那样艰辛。

1. 提升自己的人际关系

和别人第一次见面的时候，我们一般都会问："你从事的是什么职业？"我们会听到五花八门的答案，每个人都有着自己的职业。不过说到底，所有的人从事的都是一种行业——人际关系。

你可能只是一名家庭主妇，但家庭主妇也需要与某些人保持良好的关系，可能是你的家人，所以你也是在从事人际关系的行业。

所有的生意竞争到最后都取决于人际关系，为什么这么说呢？我们假设这样一种情况：有两个人卖给你一样的产品、一样的价格、一样的服务、同样的品质，最后你买谁的呢？答案当然是与你关系较好的人。人际关系几乎占了成功的60%以上，所以，你一定要非常注重自己的人际关系。人际关系好才会成功，人际关系好，你的事业才会做得好。社会上流行这样一种说法："二十岁到三十岁时，一个人靠专业、体力赚钱；三十岁到四十岁时，则靠朋友、关系赚钱；四十岁到五十岁时，靠钱赚钱。"这句话是不无道理的。

卡耐基曾经说过：一个人成功的因素中，15%归功于他的专业知识，85%却要归功于人际关系。有了别人的支持和帮助，看似难于上青天的事也能成功；没人抬举和赏识，近在咫尺的成功也会离你而去。可以说，有了人际关系为你的行动做保障，成功指日可待。

提升人际关系竞争力是一辈子的功课，并不是一蹴而就的。按照性质和特点的不同，一个人三十年的事业生涯可以分成三个阶段。

第一个十年，重点应在于培养自己的专业能力。年轻人在这个时间，并不需要刻意把重心花在建立人际关系上，而是利用每一次把事做好的机会，附带就建立了自己的人际关系。

第二个十年，是专业与人际关系并重的阶段。这时，除了靠工作上的往来建立人际关系，也可以发展出私人的社交圈，利用这个圈子了解不同专长的人所从事的职业。

第三个十年，人际关系将优于专业，因为专业的部分会有你的下属帮你完成，而你的人际关系能为这些专业增加附加值。

提升人际关系竞争力的最重要原则是要诚心，学会关怀别人。人际关系是一门学问，同时也是一种感情，是需要我们长年累月付出真心的。不管是一条人际关系，或是由人际关系伸展出去的人际关系，都是需要长期的付出与关怀。

人际关系是一门大学问，人的一生就是在不断地改善自己和别人之间的关系，创建新的人际关系。虽然处理好自己的人际关系不是一蹴而就的，但是注意一些小的细节，将会使你在人际沟通的道路上少犯错误。

（1）一定要学会倾听。倾听是你克敌制胜的法宝，一个时时带着耳朵的人远比一个只长着嘴巴的人讨人喜欢。与人沟通讲究双向，千万不要自己喋喋不休，根本不管对方是否有兴趣听，这是很不礼貌的事情，也极易让人产生反感。

（2）常把"谢谢"挂在嘴边。成功人士有个特性，就是常怀感恩之心，多说谢谢。以感恩的心来对待所有曾帮助过你的人，主动表达你的感激之意，慢慢地，你会发现不但自己的人际关系愈加牢固，别人也将以你为仿效的对象。

（3）做好名片管理。名片在社交中的功能是一个人的身份证。当别人想动用人际关系去搬救兵时，你的这张名片就是一种很重要的资源，因此在设计上千万不要草率。

首先要确保随时随地携带数量充足的名片。其次，当你确信和对方有话可说之后，时机成熟时就应有礼貌地奉上名片，相互约定日后联系的方式和时间，在这种稳固基础上所建立起的人际关系才能经得起考验。最后，在每张所收到的名片上记载日期以及相关事项，以便于日后整理与查核。

（4）记住别人的名字。名字是一个人的符号，如果你第二次见面，就能叫出对方的名字，想必对方定能感受到你的尊重和敬仰。

（5）培养自信。每个人都有一套累积人际关系的方法，但是，到底要如何才能有效率地提升人际关系竞争力？黑幼龙指出，要提升人际关系竞争力有许多技巧，但是，前提是一个人必须先具备自信，要表现得自然，不做作。一个没有自信的人，舒适圈很小，总是怕被拒绝，因此，他不愿主动走出去与人交往，更甭论要拓展人际关系了。

（6）适时赞美他人的能力。适时赞美别人也是沟通妙法。美国钢铁大王卡耐基，在1921年付出一百万美元的超高年薪聘请夏布。许多记者访问卡耐基时问："为什么你会选择他？"卡耐基说："因为他最会赞美别人，这也是他最值钱的本事。"无独有偶，卡耐基为自己写的墓志铭是这样的：这里躺着一个人，他懂得如何让比他聪明的人更开心。

2. 培养好人缘

有的人很有人缘，总能吸引很多朋友；有的人却总不讨人喜欢，很少有人与其交往。也许你可能会说：我这辈子就这样了，不讨人喜欢的性格谁也改不了！其实，没有什么事是改变不了的，只要你愿意，就可以找到方法改造自己，让自己逐渐变得受人欢迎。

如果你有迟到的习惯，你的朋友却厌恶迟到，所以你跟他约会的时候只好尽量准时，可是跟别人约会还是照样迟到。这表示你只是想留给他好印象，而不是真的决心改过。这种做法不能带给你任何快乐，也无法增强你想改变自己的动机,只会把自己变成奴隶,事事讨好你喜欢的那个人。

很可能你想变得准时些是为了体贴别人,但是你得确定自己这样做是完全公平的,否则你就干脆不要做,因为你不会因此变得更体贴,只是顺从别人而已。

讨好别人未必会使人喜欢你,尝试讨好自己吧!以行动维护和增强你所相信的价值,你将感觉到别人会因此喜欢你——因为你做了正确的事情。

成功的人都爱惜自己,他们以发展为动力,只要有可能,就总是不断地提高自己、改变自己。他们不会自我怜悯,不会自我摒弃,也不会自我嫌恶。他们的确是与众不同的人。在他们看来,每一天的生活都是愉快的,他们与别人一起享受快乐,愉快地生活。他们并非不会遇到问题,但当遇到问题时,他们不会陷入惰性。他们衡量精神愉快的标准并不在于是否摔了跟头,而在于摔了跟头之后如何继续生活。他们会躲在那里哀叹自己的不幸吗?不!他们只会从地上爬起来,掸掸身上的尘土,吸取教训,以新的姿态继续生活。他们只想生活,并在生活中得到幸福。"受人欢迎"并非难以达成之事,而且原则简单,多属自明之理。在此特列举"受人欢迎"的 8 项原则,这些原则曾有相当多的人不断试用过,而且成效卓著。现在你不妨先熟悉一下这些原则,并加以应用,让自己也变成一个受欢迎的人。

(1)熟记对方的名字。熟记对方的名字可使对方产生深刻的印象,这是因为姓名对于个人而言,可以说最具代表性。

(2)表现随和。尽量使自己成为一个随和的人,而且令人不致有紧张感。换而言之,你必须是一位态度轻松自然、毫不做作的人。

(3)控制自己的情绪。避免发怒、生气,要训练自己面对任何事都能泰然处之、从容不迫的能力。

（4）不自私。无论任何事都不逞强，不力求表现，而以自然的态度去应对。

（5）学会关注他人。如此一来，人们通常会乐于与你交往，而受关心的对方也会因你的关心而得到鼓励。

（6）检点自己的行为。尽量除去个性中不拘小节之处，即使是在无意识中所产生的。

（7）将爱戴人的态度推及每一个人身上。尤其不要忘记威鲁洛加斯所言："我从未遇过令人讨厌的人，并秉持这一信念努力实行。"

（8）对他人有所帮助。若能尽心尽力帮助他人，他人也会对你付出关怀与爱心。

你可以先尝试在面对喜欢的朋友时改变自己，然后再扩展到一般的朋友，甚至是你不喜欢的人。等这已成为一种习惯后，你就会发现自己已经脱胎换骨，成为了一个受人欢迎的人。

培养一点幽默感对你的人际交往也是大有好处的。在人际交往中，幽默的作用是显而易见的，但是像对待任何事物一样要适度。过分的幽默往往会使人产生厌恶的感觉，尤其是初交时。所以，在第一次交往中，便表现出过分聪明和很有才华的样子，不一定就会引起别人的好感。能做到庄重而不冷漠，幽默而无谐谑，这里包含相当深的学问。善于幽默的人，不应该取笑别人，免得使人感到窘迫。有时，宁可将自己作为取笑的对象，以此使整个场面松弛、欢快。所以，富有幽默感的人很少筑起自我防卫的高墙。幽默是人类特有的天赋，幽默与智慧相伴。古往今来，许多智者都不无幽默感，他们的智趣中蕴涵幽默，而幽默中含有机智。正如俄国文学家契诃夫所说："不懂得开玩笑的人是没有希望的人！"

一个无名的"诗人"来看苏东坡，带着一本诗册，希望听到东坡的意见。他朗读着自己的诗作,音调抑扬顿挫,露出扬扬得意的神态。"大人觉得鄙作如何?"他问道。"可得十分。"苏东坡答道。对方面有喜色。苏东坡又说:"诗有三分,吟有七分。"东坡以幽默的话语婉转地批评其作品的低劣,使听者有回味反省的余地。

有人形象地说:"没有幽默感的语言是一篇公文,没有幽默感的人是一座雕像,没有幽默感的家庭是一间旅店,而没有幽默感的社会是不可想象的。"人们给保加利亚的卡尔洛沃城冠以"笑城"的美称,卡城被称为讽刺与幽默之乡,这个城的人们言谈中常有幽默、谐趣之语,因而性格开朗乐观,成了卡城居民的普通品格。

我们常有这样的体味,在会场或聚会中,一席趣语可使笑语满堂,气氛和谐而轻松,增加接受效果;在友人间的笑谈中,一则笑话常令人捧腹不止,在笑声中交流和深化了感情;在旅游登山时,一句幽默引出一阵嘻嘻哈哈,顿时使人倦意全消,鼓劲前行。可见,幽默与笑是情同手足的姐妹。它不但会使你与周围人的思想情感更接近一点,也许还会改变你的人生际遇,给你带来意想不到的收获。

3. 微笑是友善的信号

笑是眼、眉、嘴和颜面动作的集合,是一种令人感觉愉快的面部表情,它是最美好的形象。在千变万化的面部表情中,微笑是最美的,它可以缩短人与人之间的心理距离,为深入沟通与交往创造和谐的氛围。在人们越来越渴望得到他人尊重的今天,微笑成为人际交往中不可缺少的礼节。因此,在工作与生活中,我们若想营造良好的交际氛围,获得良好的人际关系，就要尽量地把真诚友好的微笑奉献给他人。

人在什么时候最有魅力呢？就是在微笑的时候。一个热爱生活的人，一个积极向上的人，微笑是他显露最多的表情。

彼得·泰格是一位著名的演说家和交流高手，他曾经说过："就连最懒惰的人也懂得微笑。因为他知道，微笑比皱眉牵动的肌肉要少得多。"微笑，蕴涵着丰富的涵义，传递着动人的情感。怪不得有位哲人曾说："微笑是人类最美的表情。"

在人际交往中，我们需要微笑。微笑是一种令人愉快的表情，表达一种热情而积极的处世态度。微笑甚至能创造财富，引领你走向成功，大名鼎鼎的希尔顿旅店王国就是以微笑服务而著称的。

1919年，美国"旅馆大王"希尔顿把父亲留给他的12万美元连同自己挣来的几千元投资出去，开始了他雄心勃勃的旅馆经营生涯。当他的资产从15万美元奇迹般地增值到几千万美元的时候，他欣喜自豪地把这一成就告诉母亲，想不到，母亲却淡然地说："依我看，你跟以前根本没有什么两样，事实上你必须把握比12千万美元更值钱的东西：除了对顾客诚实之外，还要想办法使来希尔顿旅馆的人住过了仍流连忘返，你要想出这样的简单、容易、不花本钱而行之久远的办法去吸引顾客。这样你的旅馆才有前途。"母亲的忠告使希尔顿陷入迷惘：究竟什么办法才具备母亲指出的"简单、容易、不花本钱而行之久远"这四大条件呢？于是他逛商店、串旅店，以自己作为一个顾客的亲身感受，得出了准确的答案："微笑服务。"这实实在在地同时具备母亲提出的四大条件。从此，希尔顿实行了微笑服务这一独创的经营策略。每天他对服务员的第一句话是："你对顾客微笑了没有？"他要求每个员工不论如何辛苦，都要对顾客投以微笑，即使在旅店业务受到经济萧条的严重影响的时候，他也经常提醒职工记住："千万不要把自己的冷面孔摆在脸上，无论旅馆本身遭受的困难如何，希尔顿旅馆服务员脸上的微笑永远都是最灿烂、最温暖的。"因此，经济危机后幸存的20%的旅馆中，只有希尔顿旅馆服务员的脸上带着微笑。当经济萧条刚过，希尔顿旅馆就率先进入新的繁荣时期，跨入黄金时代。其中微笑服务是他们的制胜法宝。

如果你花很多钱买了许多珠宝服饰，只是为了使人对你友好，或者使自己更迷人，那还不如微笑有用。因为微笑更能赢得他人的友好，也是最迷人的表情，但它不花你一分钱！从这个方面说，真诚的微笑价值上百万美元。

什么才是标准的微笑呢？礼仪学家给我们提供了一种方式：额肌收缩，眉位提高，眼轮匝肌放松；两侧颊肌和颧肌收缩，肌肉略隆起；两面侧笑肌收缩，稍微下拉，口轮匝肌放松；嘴角微微上提，嘴唇呈半开半闭状，不露齿为最佳。

微笑须发自内心。当一个人心情愉快、兴奋或遇到高兴的事情时，都会自然地流露出这种笑容。这是一种内心情感的自然流露。发自内心的微笑既是一个人自信、真诚、友善、愉快的心态的表露，同时又能营造明朗愉快和亲切的交际氛围。而矫揉造作的微笑，给人一种不真诚、不友善的感觉，也会给我们的工作与交往带来阻碍与阴影。

微笑是人们交往中最富有吸引力、最有价值的面部表情，但也要注意区分场合，要笑得得体、笑得适度，这样才能充分表达最美好的感情。与人初次见面，给对方一个亲切的微笑，会拉近双方的心理距离，消除双方的拘束感；与朋友同事见面打招呼，带点微笑，显得和谐、融洽；上级给下级一个微笑，会让人感到平易近人。正式场合的笑容要适度，故意遮饰笑容、抑制笑容不但有损美感，而且有碍身体健康；但放声大笑或无节制的笑同样不雅，无原因的边看别人边哈哈大笑，更为无礼。在各种场合只有恰如其分地运用微笑,才能达到传递情感的目的。

一定要记住,你的笑容就是你最好的名片。微笑表达的意思就是:我喜欢你,我很高兴见到你,你让我开心。你的笑容能照亮所有看到它的人,笑容使你显得高贵自信、大方热情、值得信赖,让人觉得和你交流是愉快的,你对他是尊重的。所以,从现在开始,马上去做,以微笑来招呼你的朋友,以微笑来面对你的人生。

4. 不要总把自己当成中心

人活在世界上,就要和他人发生千丝万缕的联系,因此做人做事都不能只为自己考虑,对他人也应多一点包容、多一点尊重、多一点爱心。

人在少年时轻狂,总认为自己最重要,每个人都应该尊重自己,于是我们做出一副对别人不屑一顾的样子,结果得到的也是相同的回应。现在年纪大了,我们就该知道,要尊重你遇到的每一个人,原因有两个:第一,他们需要尊重,第二,你会为此得到更多的尊重。

尊重意味着不要再漠视,而是学会对别人产生兴趣。你若对别人发生兴趣,在两个月的时间内你交到的朋友,会比使别人对你发生兴趣在两年内所交到的还要多。

但是人们的习惯心理是要别人先对自己发生兴趣。纽约电话公司曾做了一个关于电话谈话的详细研究,以求得最常用的字是什么。你已经猜到了:那就是人称代词"我",那是在500次电话谈论中曾用过3990次的"我"。

一张集体合照,你会在照片上先看谁呢?

如果你只是在等着别人对你先发生兴趣,那到头来你永远不会得到真诚的朋友。

拿破仑试过这个。他在最后一次与约瑟芬相见时说："约瑟芬，我的运气不比世界上任何人的坏。然而，在这时候，你是世界上唯一的让我可信赖的人。"而历史学家以为：他是否可信赖她，还是疑问哩。

维也纳的著名心理学家亚德洛曾在其《生活对你的意义》这本书中写道："对别人不感兴趣的人，生活中困难最大，对别人的损害也最大。所有人类的失败，都在这类人中发生。"

魔术之王塞斯顿同时也被誉为"幻术家"的领袖。40年周游世界，一再造成幻像，使人惊奇。

有人请教他成功的秘诀。他说他的学校教育绝与此无关，因为他在幼年时候离家出走。变成一个漂泊者，乘坐货车，睡在草堆上，挨门讨饭，在车中观看铁路沿线的广告牌而学习识字。

他并没有高人一等的幻术知识，关于幻术的书却有数百种之多，关于幻术，有数十人知道得同他一样多。但他有两件事是别人没有的：第一，他有使他的人格魅力传达到台下的能力。他是表演家中的巨擘，他懂得人情。凡他所做的每种手势、每种声调、每次提起眼眉，都经预先演习。而他的动作，都不差分秒。第二，塞斯顿对人有真实的兴趣。他说，许多幻术家看着观众对自己说："好，那里是一群天真的人们、一群乡愚，我可以好好地骗他们一下。"但塞斯顿的方法完全不同。每次上台时，他都对自己说："我因这些人看我而满怀感谢，他们使我能舒适地生活，我将尽力把最好的给他们。"

人类天性中最深切的动力是"做个重要人物的欲望"。请对方帮你一个忙，不但能使他感受到自己的作用，也能使你赢得友谊与合作。我们通过下面一个故事，来看看怎样在实际生活中运用这项原则。

杰克是一位商人，他把所有的积蓄都投资在一家印刷厂里。同时，他又想办法使自己获选为当地政府的文书办事员。这样一来，他就可以获得为政府机构印文件的工作。那样可以获利很多，因此他当然不愿意失去文书办事员的好职务。可是出现了一项不利的情况，政府中最有钱又最能干的官员之一却非常不喜欢杰克。他不但不喜欢杰克，还公开斥骂他。这种情形非常危险，因此，杰克决心使对方喜欢他。

难道给敌人一些小恩小惠就能解决这道难题吗？不能，反而会引起他的疑心，他甚至会轻视你。

杰克太聪明了，不会弄出那样的窘境。于是，他采取了一个相反的办法，他去请求政敌来帮他一个小忙。

杰克做了一件使政敌高兴的事，请求他的对手借给他10块钱，钱并不多，可敌人的虚荣心得到了满足，使他觉得获得了尊重。这项请求，很巧妙地表示出杰克对对方的知识和成就的仰慕。

下面就是杰克自己的叙述：

"听说他的图书室里藏有一本非常稀奇而特殊的书，我就给他写一封便笺，表示我极欲一睹为快，请求他把那本书借给我几天，好让我仔细地阅读一遍。

"他马上叫人把那本书送来了。过了大约一个星期的时间，我把那本书还给他，还附上一封信，强烈地表示我的谢意。

"于是，下次当我们在办公厅里相遇的时候，他居然跟我打招呼（他以前从来就没有那样做过），并且极为有礼。自那以后，他随时乐意帮忙，于是我们变成很好的朋友，一直到他去世为止。"

故事中的杰克所运用的心理办法，也就是请求别人帮你忙的心理办法，时至今日仍然十分有效。

不要总把自己当成中心，你就能学会尊重别人。人与人之间的交往都是投桃报李，以心交心的。你尊重别人其实也就是在尊重你自己。

5. 乐助人者，人必乐助

做人之道并非是高深莫测的。很简单的一个道理就是：你帮助了别人，别人也会帮助你。我们都知道这样的一个事实：每一个事业有成的人，在成功的道路上，都曾经得到过别人的许多帮助。做人不能太自私，不能心中只有自己。历史上有很多获得成功的人，都曾受到一个心爱的人或一个真诚的朋友的鼓励和帮助。

霍桑如果没有妻子苏菲亚的支持和帮助，我们在伟大的文学家中就找不到他的名字。当他伤心地回家告诉她，他在海关的工作丢了，他是一个大大的失败者时，她却很高兴地说："现在，你可以写你的书了！"

"不错，"霍桑说，"可是我写作时，我们靠什么来维持生活呢？"

她打开抽屉，拿出一堆钱来。

"钱从哪里来的？"他嚷道。

"我知道你是天才，"她回答道，"我知道有朝一日你会写出一本名著来，所以我每周从家用中省下一笔钱，这些钱足够我们用一年的。"

由于苏菲亚的帮助，美国文学史上最伟大的一本小说——《红字》在霍桑笔下诞生了。难怪霍桑后来说："人与人之间的互助是绝对重要的，可以关系到一个人是凡人还是巨人。"

由此，我们看到这样的一个做人之本：帮助别人成功，是追求个人成功最可靠的方式。每个人都有能力帮助别人，一个能够为别人付出时间和心力的人才是真正富足的人。

如果一个人出色的成就让你感到有自己的一份，你能够自豪地说

"是我的帮助让他有今天"。这将是你最值得骄傲的事情。

所有成功者都有一个共同的特性——他们都懂得如何有效地与别人打交道。他们在这方面有可贵的直觉,他们学到了这方面的技能。人们应当懂得如何去影响别人的思维方式,任何事情的失败常常都可以归结为与他人打交道的失败。

对于我们生存的这个世界来说,人是最宝贵的。对于生存于世的每一个个体来讲,人也是最重要的。只要你生存在这个世界上,不管你愿意与否,你都必须与人打交道,如今再没有人能够到森林山洞去隐居,去忍受鲁宾逊式的孤独生活。为了让自己的努力换来更大的成功,我们离不开社会环境,离不开周围的人。

任何人际关系,无论是私人交往,还是业务关系,如果它是以成年人的互利观念来支配,对双方来说只会有益。你为别人提供急需的东西,人家也会满足你的需求。

基米是一位青年演员,刚刚在电视上崭露头角。他英俊潇洒,很有天赋,演技也很好,开始时扮演小配角,现在已成为主要角色演员。从职业上看,他需要有人为他包装和宣传以扩大知名度。因此他需要一个公共关系公司为他在各种媒体上开展广泛的宣传,以增加他的知名度。不过,要建立这样的公司,基米拿不出那么多钱来。偶然的一次机会,他遇上了马莉。马莉曾经在纽约一家最大的公共关系公司工作过好多年,她不仅熟知业务,而且也有较好的人缘。几个月前,她自己开办了一家公关公司,并希望最终能够打入比较赢利的公共娱乐领域。到目前为止,一些比较出名的演员、歌手、表演者都不愿与她合作,她的生意主要还只是靠一些小买卖和零售商店。两人一拍即合,联手干了起来。基米成为了她的代理人,而她则为他提供出头露面所需要的经费。他们的合作达到了最佳境界,基米是一名好演员,时下的电视剧中也有他的角色,马莉便让一些较有影响的报纸和杂志扩大对他的宣传。这样一来,她自己也变得出名了,并很快为一些有名望的人提供了社交娱乐服务,他们付给她很高的报酬。而基米不仅不必为自己的知名度花钱,而且随着名声的扩大,也使自己在业务活动中处于一种更有利的地位。

通过马莉和基米的相互合作与需要,我们可以看到这样一种格局:基米需要求助于马莉,获得为自己宣传的开支;马莉为了在她的业务中吸引名人,需要基米做自己的代理人。你看,他们互相满足了对方的需要。

一位思想家曾说:"诚心地帮助别人,别人一定会帮助你,这是人生中最好的一种报酬。"助人是换取别人助你的先决要件,同时也是建立良好人际关系的基础。乐于助人者,人必乐助之。

我们每个人都渴望实现自己的人生目标,但是如果不善于借助别人的帮助走向成功,不善于去帮助别人,这是很失败的做人之术,与那些取得巨大成功的人相比,可谓太渺小了。因此最智慧的做人之道是——助人即助己。如果你怀疑这一点,甚至嘲笑这一点,那么你的人生注定就是失败的。

6. 选择志同道合的人做朋友

按传统心态来看,交际不应该有目标,应该"以情会友,别无所求",应该奉行一种无为哲学。但是,聪明人应懂得,在交往中要注重了解交往对象的性格、品性。

我们不妨设想,有这么一个人,他既不能与你信息共享、情感沟通,也不能与你相求相助,你会与他交朋友吗?恐怕不会。可见,人际交往的圈子需要有选择地拓展，选择就是一种目标的体现。

建立"关系"可以用一个简单的公式来说明。首先，要认清目标，接着找有相同需求的人，即志同道合的人。最后与之联系，建立关系。

在卡耐基的一生中，友谊是其生活的重要组成部分，他说："如果没有友谊，我就无法活下去。"

卡耐基共结交了三位挚友：赫蒙·克洛依、法兰格·贝克尔和罗威尔·汤姆斯。

赫蒙·克洛依是来自卡耐基故乡玛丽维尔的作家，自幼就聪明过人，还在小学时代就在《哈里》杂志上发表过文章，也算是小有名气。

卡耐基和他都是从玛丽维尔走向纽约的。但赫蒙·克洛依似乎更幸运些，他在《圣约瑟夫报》、《圣约瑟新闻》担任记者之后，找到了一个最适合他的职位——巴特瑞克出版社杂志编辑欧多干的助理。

刚开始时，他们两人并没有什么交往，在一次偶然的度假中，卡耐基遇上了克洛依，两人交谈起来，讲述了各自在纽约的奋斗历程。

卡耐基在和克洛依的一系列交往中，逐步建立起了深厚的友谊，成为一生的挚友，关系一直持续到卡耐基逝世。

两人都有共同的兴趣爱好，喜欢旅游，而且还经常一同出去游泳。

一次游泳中，克洛依问卡耐基：

"亲爱的戴尔，为什么不尝试写作呢？"

"我正在积极地准备。"卡耐基兴奋地回答。

从此，卡耐基提起了笔，下定决心进行创作，在卡耐基一生的畅销书创作中，克洛依的帮助功不可没。

卡耐基对克洛依在他成功道路上起的作用非常感谢，为此，他特意在《影响力的本质》一书的扉页上写了一段话赠给克洛依，他写道：

"让我以最高的名誉把此书献给我最尊敬、最重要、最诚实的朋友。"

　　法兰格·贝克尔曾是卡耐基的学生，他们的友谊是在卡耐基培训班上开始的。

　　对于卡耐基来说，贝克尔简直就像是位明星学生。因为他从卡耐基课程毕业后，其事业蒸蒸日上。

　　贝克尔用他的实际行动来证明卡耐基理论的高明。

　　为了表示对卡耐基课程的支持，他特别希望能帮助那些处于贫困或者事业无法拓展的人们。因此，他也成了卡耐基家中的常客，因为他永远记着卡耐基对他的帮助。

　　他们的州际旅行演说也获得了空前的成功，在每个州的演说中，会堂都坐得满满的，大家都争先恐后地去听卡耐基和贝克尔的讲演。

　　每次讲演后，听众们总是渴望与卡耐基进行直接的交流，而有些则非常崇拜贝克尔，因为他是从一无所有到百万财产的成功典型。

　　通过这位全美最佳行销人员的大力推荐，确实有助于卡耐基的教学发展，而且从贝克尔的见地中，卡耐基也学到了很多新的知识。

　　而与罗威尔·汤姆斯的交往之始，完全出于偶然。

　　汤姆斯在普林斯顿大学时，为了赚取一些零用钱，接受到普林斯顿一带的地方俱乐部及社区中解说去年夏天访问阿拉斯加情形的报告。

　　汤姆斯为了完成任务，为即将来临的讲演做准备，决定去纽约拜访卡耐基。他们两人合作并取得了轰动性效应。从此以后，卡耐基和汤姆斯成了好朋友。

　　当汤姆斯雄心勃勃地想以一种兴奋、乐观、激动的第一手资料的表达方式，发表题为"与爱伦拜在巴勒斯坦及阿拉伯的劳伦斯"的演说时，在他脑海中涌现出的第一个人便是戴尔·卡耐基，这个曾经帮他获得巨大成功的真正朋友。

　　接到电报后，卡耐基略做准备，便匆匆地收拾行装奔赴伦敦。

终于，功夫不负有心人，首场演说获得了轰动性的成功，伦敦的新闻界整天都对此进行报道。

这是卡耐基演讲中一次新的尝试，他心甘情愿地做朋友的助手，帮助朋友的事业取得成功。

初次的成功给他们带来了极度的喜悦。他们开了一个小小的庆功会，汤姆斯端着一杯酒对卡耐基说："为我们的友谊而干杯，为我们的事业成功而干杯！"卡耐基举杯回祝。

以后的演说吸引了越来越多的观众，他们成群结队地前往皇家阿伯特尔大厅，甚至从英国的其他城市也有不少人赶来倾听演讲。

演讲任务完成后，卡耐基满怀喜悦地返回纽约。

对卡耐基而言，友谊的感受是非常深刻的，而他对增进友谊也是全身心地投入的。

如果一个人孤独地在社会上生活，身边没有一个能够信赖的朋友，他的事业是肯定不会成功的。

卡耐基的事业的成功，固然与他自己的艰苦奋斗分不开，但是，如果没有这些挚友的支持和帮助，卡耐基的成功就不会如此辉煌。

可见，人生可以得到志同道合的朋友的帮助会是一种什么样的生存境界。朋友是人生最大的财富，但不是所有的人都可以成为你的朋友。多与志同道合的人交往将使你受益终身。

7. 争强好胜不如适当退让

在现实生活中，在摸爬滚打了多年以后，你可能已经发现了，未必凡事要争第一，很多时候不前不后会更稳当。

第二章 >>> 扩展人脉：朋友多了路好走

"出头的椽子先烂"、"木秀于林，风必摧之"、"直木先伐，甘井先竭"……这类古训俗语常用来告诫人，要警惕环境险恶、人心叵测，要韬光养晦，不露锋芒，不动声色。因为，风头出尽的人容易遭人妒，容易首先受到攻击。

现实中，确有那么一些人，虽说其能力、才学的确令人钦佩，可正因为他们比别人所起的作用大一些，便总以为一切高、精、难的工作必须自己插手才会马到成功，他人纯属"跑龙套"的配角，俨然离了他地球就会不转。难怪"枪手们"总忍不住先打这样的"出头鸟"。尤其在我们这个有着几千年封建史的国度里，更是有很多人因才华出众而遭受贬斥甚至丢掉了性命。在这里我们并不是否定那些勇往直前、凡事争第一的人，只是强调前与后的分寸，古人不也是说"始作俑者，其无后乎"吗？

有一位工商界的老板，他从事电脑业。这位老板给自己的企业定位就另有一论——采取"第二战略"。因为他认为，当"第一"不容易，不论是产品的研究开发、行销，还是人员、设备等，都要比别人强，为了怕被别的公司赶超，又得不断地扩充、投资。换句话说，做了"第一"以后要花很多的内力来维持"第一"的地位！因为提到某一行业，人人都会拿"第一"去做对手，并拼命赶超。这样未免太辛苦了，而且一不小心，不但第一当不成，甚至连想当第二都不可能了。

这位老板的想法也许并不完全科学合理，并不一定当"第一"就一定会很辛苦，当第二或第三就轻轻松松了。这只是他个人的一种观念而已。但结合现实细想一下，其中也不乏实在的道理，我们不妨借鉴。

当"第一"者确实要费很多的力气来保住自己的地位！大至一个企业，小至一个人，都可能有这个问题。一个企业要想位居第一，其所冒的风险也应该是最大的。产品的研制开发、资金的投入、设备的引进、人员的录用、产品的销售与服务等，都比别人要多、要大、要好。好不容易排到了"第一"，又一下子成为了众人的"眼中钉"，都想超过你，甚至弄垮你！

对于上班拿工资的人来讲也是如此，一位主管可以说是该部门的"第一"，为了保住这第一，他不但要好好带领手下，也要和自己的上司处好关系，以免位子不保；如果有功时，主管当然功劳第一，但有过时，主管当然也是首当其冲。如果是一位副主管恐怕就好一点，表面上看来他不如主管风光，但因为上有主管遮风蔽雨，可省下很多辛苦，减轻很多责任，所以很多人宁可当副手而不愿当"一把手"。

我们在观看一场马拉松比赛时，通常会看到在前半程跑在最前面的人反而不容易夺到金牌，而跑在第二位置或稍后一点的队员却在更多的时候夺取了桂冠，而位置太靠后的落伍者也同样与冠军无缘。这同人与人之间的社会性竞争和相处何其相似，人生的奋进过程其实就是一次马拉松比赛，只有恰到好处地保持不前不后的位置，把握不前不后的分寸，才有可能更多地获得成功。

做人不要事事处处争强、好胜，不要遇事就和人硬顶，应该明白"退一步海阔天空"的道理，主动退让并非示弱的表现，而是一种圆融的处世技巧。

一次，苏格拉底在大街上与人辩论，结果被对方踢了几脚，可苏格拉底显出若无其事的样子。有人对此迷惑不解，苏格拉底解释说："我没有必要去踢一头驴子。"苏格拉底将对方比喻成一头驴子，也就是说，智者是不应该跟一头驴子计较的。驴子是动物，它们没有意识、思想，控制不了自己的言行，所以会做出一些粗鲁的事情来。但是人类是有智慧的，如果与动物较劲，那与动物又有何区别呢？苏格拉底运用这样的思维，避免了一场"战斗"。

试想，如果换作别人，可能会冲上去与那个人扭成一团，你打我一拳，我踢你一脚，后果可想而知了。

有时候，退一步是为了进三分。因为只有先后退才能跳得更高，只有收拳才能出拳有力，只有退一步才能进两步。

以退让开始，以胜利告终，是人情关系学中不可多得的一条锦囊妙计。你先表现得以他人利益为重，实际上是在为自己的利益开辟道路。在做有风险的事情时，冷静沉着地让一步，才能取得绝佳效果。

又比如，你有求于人，那人也对你的意图心知肚明。即使如此，两人见面时，你也万万不可直截了当地把你的要求提出来，而要站在对方的立场上，多说一些困难："这个忙不太好帮。""如果困难太大，也就算了。"这样一来，对方就会不太注意你求助的迫切心情，没有机会产生被求者常见的倨傲心理，反而会觉得这件事如果不帮忙，显得自己太无能或害怕困难了。

8. 记着给别人留面子

面子代表了一个人的尊严，给别人面子就是尊重别人。古往今来，面子问题一直是人们极为重视的。如何保留自己的面子，如何给别人留面子，这是为人处世中必须要注意的。很多人把面子看得比生命还要重要，一旦伤了人家的面子，可能就会让别人对自己记恨，进而给自己留下无穷后患，因此任何时候都要注意保全别人的面子。

古训有云："己所不欲，勿施于人。"可我们往往忽略了这一点。我们常常无情地剥掉别人的面子，伤害别人的自尊心，抹杀别人的感情，却又自以为是。我们在他人面前呵斥别人——下属或者孩子，找差错，挑毛病，甚至进行粗暴的威胁，却很少设身处地地为他们着想。考虑别人的自尊心，在任何情况下都要让对方下得了台阶。

有一位哲人曾说过一段富有启示性的话："人，有时会很自然地改变自己的想法，但是如果有人说他错了，他就会恼火，更加固执己见。人，有时他会毫无根据地形成自己的想法，那反而会使他全心全意地去维护自己的想法。不是那想法本身多么珍贵，而是他的自尊心受到了威胁……"

人人都是面子动物，没有人愿意别人漠视自己作为一个人的存在，在职场中也是这样。对上司，你不得不给面子，因为他是你的上级；对同事，你也必须要给面子，一旦让同事觉得有失面子，你很快就会发现自己处在了一个尴尬的环境中。

周小姐是一家外贸公司的行政助理，有一次，她以不低的价钱买了一件衬衫，回家试穿了一下，感觉很不舒服，大概是布料的原因。但她还是穿着去上班了，同事林艳艳看了她的衣服，大呼："你上当了，这种料子穿到身上发板、发硬，特别不舒服，而且还容易退色，送给我都不愿穿，你还花那么高的价钱买它。"

周小姐吃亏了吗？是的。可是，林艳艳的话虽然在理，周小姐听起来却特别刺耳，似乎在贬低周小姐的智力。周小姐莫名其妙地开始为自己的面子辩护了："虽然有点硬，不过穿到身上挺有形的，我还是比较满意……"

这时候另外一个同事方明建找周小姐帮忙。他称赞周小姐身上的衬衫很漂亮，还问周小姐在哪里买的，说也要给自己的女朋友买一件。这时，周小姐反应就完全不一样了："说实话，这衣服挺贵的，而且穿在身上不舒服，有点板，有点硬，而且还退色，我正后悔不该买它呢！"这时，周小姐甚至为自己的坦白直率而自豪起来。

实际上，很多人都知道自己的错误，但是如果别人毫不留情地指出错误的话，就会让他觉得没有面子。而要是保全他的面子，他反而很乐意承认自己的错误。

保全别人的面子，是我们通向成功的一条宽广之路。面对别人的过失或窘境，一个蔑视的眼神、一种不满的腔调、一个不耐烦的手势，都可能带来难堪的后果。如果我们当面驳斥一个人，他会同意我们的观点吗？绝对不会！因为我们否定了他的智慧和判断力，打击了他的自尊心，同时还伤害了他的感情。他非但不会同意我们的观点，还要进行反击。如果我们认识不到这一点，常常以一种"坚持真理"的姿态去伤害别人的自尊心，就会使我们的生活处处碰壁，人生的旅途就很容易拐进死胡同。在人际交往中，平等对待别人、尊重别人，才是"真理"。除此之外，只有冲突和调和，没有真理。

本杰明·富兰克林在自传中写道："我立下一条规矩，决不正面反对别人的意见，也不让自己武断。我甚至不准自己在文字上或语言上持过分肯定的意见。我决不用'当然'、'无疑'这类词，而是用'我想'、'我假设'、'我想象'。当有人向我陈述一件我所不以为然的事情时，我决不立刻驳斥他，或立即指出他的错误；我会在回答的时候，表示在某些情况下他的意见没有错，但目前看来好像稍有不同。我很快就看见了收获。凡是我参与的谈话，气氛变得融洽多了。我以谦虚的态度表达自己的意见，不但容易被人接受，冲突也减少了。我最初这么做时，确实感到困难，但久而久之就养成了习惯。这使我提出的新法案能够得到同胞的重视。尽管我不善于辞令，更谈不上雄辩，遣词用字也很迟钝，有时还会说错话，但一般来说，我的意见还是得到了广泛的支持。"

"打人不打脸，说人不说短"，在职场中，如果你能记着给人留面子，那你的职场路一定会更好走，你的人缘也会越来越好。如果你老是不给别人留面子，迟早也会堵住自己的职场路的。

9. 祸从口出，勿逞口舌之快

人有好口才不是坏事，但运用不当则会坏事。因此说话要谦让，要有分寸，因为说话树敌是最愚蠢的行为。

生活中，"多个朋友多条道，多个敌人多堵墙"，这个道理是无处不在的。树敌过多，不仅会使人在生活中迈不开步，即使是正常的工作，也会遇到种种不应有的麻烦。

要避免树敌，你首先要养成这么一个习惯，那就是绝不要去指责别人。指责是对人自尊心的一种伤害，它只能促使对方起来维护他的荣誉，为自己辩解，即使当时不能，他也会记下你的一箭之仇，日后寻机报复。

对于他人明显的谬误，你最好不要直接纠正，否则好像是故意要显得你高明，因而又伤了别人的自尊心。在生活中一定要记住，凡非原则之争，要多给对方以取胜的机会，这样不仅可以避免树敌，而且也许可使对方的某种"报复"得到满足，可以"以爱消恨"。

假如由于你的过失而伤害了别人，你得及时向人道歉，这样的举动可以化敌为友，彻底消除对方的敌意。说不定你们会相处得更好。"不打不相识"这一民谚富含了这一哲理，既然得罪了别人，当时你自己一定得到某种"发泄"，与其等待别人"回泄"——不知何时飞出一支暗箭，远不如主动上前致意，以便尽释前嫌。

为了避免树敌，还有一点需要注意，这就是与人争吵时不要非占上风不可。实际上，争吵中没有胜利者。即便是口头胜利，但与此同时，你又树立了一个对你心怀怨恨的敌人。争吵总有一定的原因，总为一定的目的。如果你想使问题得到解决，就绝不要采取争吵的方式。

争吵除会使人结怨树敌，在公众面前破坏自己温文尔雅的形象外，没有丝毫的作用。如果只是日常生活中观点不同而引致的争论，就更应避免争个高低。如果你一面公开提出自己的主张，一面又对所有不同的意见进行抨击，那可是太不明智了，几乎等于把自己孤立起来。因为辩论而伤害别人的自尊心，结怨于人，既不利己，还有碍于人而使自己树敌，实在是不足取。

那么，如果遇到非争论不可的情况该怎么办呢？

（1）认真听听对方的意见

首先，你不妨使对方先说出他的想法，以便仔细地听取它。否则，他总会感觉受到了伤害，态度也就变得更强硬了。而且，人有一种欲望，那就是尽量地把心中的疑惑倾吐出来。当这种欲望未得到满足时，你是无法去倾听别人的意见的。因此，当你要对方接受自己的意见时，不妨先听听对方的话。如果可能的话，叫对方重复一下他的意见，并问他是否还有什么话想说。

（2）不要急于回答质问

当受到质问时，有不少人会即刻答复，速度之快，可以用"间不容发"来形容。事实上，这并非好的方法。这时，你不妨先看看对方的脸，隔一会儿之后才答复。如此一来，将能够给对方一种满足感，他认为自己所说的话，值得你思考一番。这样当然就有利于你。不过，只要稍停顿一下就行了。如果你停顿得太久的话，对方会认为你不肯明确答复，或想避重就轻，甚至认为你无意回答他的问话。

即使你不得不反对对方的想法，也不应间不容发地提出反对之词。这么一来，你无异是在告诉他："你的想法是不足取的，根本就没有考虑的价值。"

（3）不要彻底占据上风

每逢争论之时，每一个人都会认为自己的想法是正确的。至于对方的想法呢？则往往会认为是荒谬的，完全错误的。其实不管是何种争论，每个人都差不多有正确的意见，也有不正确的想法。因而，当你与别人展开争论时，不妨对对方的某一项意见表示让步，这么一来，你必定能够在某一部分找出双方一致之点。你这样做之后，对方也会对你的某些意见表示让步。

在这种场合，你不妨使用"是的……可是"的说话技巧。你可婉转地说："是啊，关于这一点，我同意你的意见，不过除此之外，不是还有这样的方法吗？……采取此种方法，不是更好一些吗？"

（4）表达自己的意见时态度要温和

与人争论时，切勿感情用事，态度不要过于激烈，换句话说，当对方反对自己的意见时，切勿不顾一切地让他们接受自己的意见，因而展开激烈的争论，甚至采取过火的态度。这种方法是不会产生很好的效果的。因为人们对这种恫吓的态度，往往会产生反感，当然就更不想改变自己的想法了。

相比之下，如果你能够心平气和地道及事实的话，则更能够产生很好的效果。同时，千万别摆出"我说的绝对没错"的态度，最好是能够以"我的想法或许有错"的谦逊态度去说话，这么一来，对方将会听取你的想法，不知不觉地接受你的想法。

（5）争论时别忘了给对方留面子

当你与别人展开争论时，有一件事是非记住不可的，那就是要保全对方的面子。因为一个人在讲了自己的想法之后，即使察觉到自己的想法有差错，他也坚决不会自认错误或者改变想法，因为一旦承认了自己的错误之后，往往会疑心生暗鬼，唯恐他人会认为自己是撒谎者，或怕别人因此瞧不起自己。因此，为了保全对方的面子，你最好为他制造下台的机会。你可以推说："这也难怪，因为你没有真的和那个人接触过，当然会如此想了。"或者"只要不明就里，大家都会如此想呢！"

第三章
建立事业：实现最初的梦想

每个人都有一颗事业心，希望自己能干出一番惊天动地的大事来。只是，随着时光流逝，内心那最初的梦想慢慢褪色，我们不再努力，不再拼搏，只是安于现状。几十年后，当青春不再的时候，你肯定会后悔自己当时没有去拼一把、闯一次，即使失败了也不会给自己留下遗憾。为了不让自己后悔，从现在开始，为自己的事业做准备吧。

1. 选对行业是成功的关键

"男怕入错行,女怕嫁错郎",选对职业是成功的关键。当今社会,不管是男性还是女性,都一定要找到最适合你的工作。

那些刚过"而立"之年,便已拥有巨额财富、显赫地位的成功人士,他们的成功也许是因为有好机缘,有贵人扶持……然而,最重要的是他们都是在正确的时机、正确的地点,选择了最理想的职业。怎样才能找到最适合你的职业呢?台湾富豪蔡万霖相信直觉可以对你有所帮助。所谓直觉,是指"无须任何理由,立即就知道某件事情"。

蔡万霖小时候家里经济条件很不好,他发现妈妈每次做饭时,总是从大米中抓出一小把放进坛子里,天长日久,竟也节余下来许多粮食。每当青黄不接时,妈妈便把这些平日里积攒下来的大米拿出来供全家食用,以解燃眉之急。这件事给蔡万霖很大的启发。后来,他据此想到,如果主妇们每天都从零用钱中抽出一点存起来,时间久了,不也是一笔可观的数目吗?在与哥哥商量了一番后,兄弟俩决定在信用社开展1元钱开户的"幸福存款"储蓄活动,他们宣布,只要存1元钱,就可以当"十信"的客户。这一倡议得到了家庭主妇们的热烈响应。她们常常在上街购物的路上,顺道进"十信",将手头为数不多的零钱存进去。还有的中学生也将假期打工挣得的钱,扣去书本费后悉数存进了"十信"。

蔡氏兄弟的1元钱幸福储蓄大获成功,他们趁热打铁,又在其他地方开了17个分社,个个生意红火。后来他们又增加了夜间办理储蓄业务。此后不久,"十信"已拥有社员10万多人,存款金额高达170

亿元。

母亲生活中的一个小习惯给了蔡万霖"财富是靠累积得来"这样一个重要启发,这种思想不仅影响了他早期的创业,更在其一生追求成功的过程中起着至关重要的作用,人们评价他是"大胆创业,小心守成"的富豪,也称他为当之无愧的"聚财之神"。还有人认为,生活中的一些小细节可以给你的择业带来启发。

卡特在怀特汽车公司当经理的助手。一次,上司要卡特将一辆出事的卡车卖给收购废弃车辆的人,结果车子卖了450美元。两星期之后,上司又要卡特去买一副二手的引擎,装在另一辆卡车上。收购废弃车辆的人,从两星期前卡特卖给他的那辆卡车上拆下引擎,用换下来的引擎跟卡特讨价还价,然后他给卡特拿来580美元的报价单。

这令卡特茅塞顿开。他发现卡车上有许多零件很有价值,事实上,他以450美元价格出售的卡车,拆卸成零件之后出售,价值要增加5倍到10倍以上。这时候他第一个反应就是,他要从事废弃物的事业。

从此,卡特开始从事二手卡车零件的生意,并因此大赚特赚。自从他发现二手卡车零件获利惊人之后,仅过了一星期,就开始自己做。他以500美元的价格买下第一辆事故卡车,拆解下来的零件卖了7倍的价钱。靠着这个卖废车零件的工作,卡特迅速成为了百万富翁。他告诉身边的朋友:"嘿!伙计,留心那些小事,说不定哪个小细节就可以让你走上一条致富之路!"

选择职业就像是盖房子,如果房子盖在不理想的地点,地基是泥沙或沼泽,即使地面上的建筑花了几百万美元,这栋房屋还是不稳固。你需要不断跟流动的泥浆与沼泽搏斗,但是永远也无法取胜。如果地基是在坚实的土地上,这房子就经得起风吹雨打,你也不必再跟这些因素搏斗。

  但并不是每个人都能一开始就知道自己适合什么行业，很多人往往是做了几年之后才发觉自己并不适合这个行业，没有什么发展前途。这时候，很多人就想到了转行。对于已经在一个行业打拼了好多年的人来说，转行意味着巨大的挑战和风险，因为你要面对的不仅是新的工作环境，还有新的工作方式和工作内容，也就是说你要一切从头开始；但另一方面，转行也是一个难得的机遇，你可能会找到一条真正适合自己的路，让自己的职业生涯"柳暗花明"。

  调查显示，大多数白领的职业生涯都呈现出这样的轨迹：工作1～4年担任基层职位，5～6年任主管，7～9年任高级经理或总监，10～12年任副总经理，13～20年任总经理。这也就是说相当一部分白领还是能够担任一定的管理职务。但是能够最终升至企业总监以上高级职务的概率只有10%，所以这时许多人感觉在企业内发展空间有限，缺乏工作动力。因此，30～44岁之间这个年龄阶段的有一定事业基础的白领是职业最敏感的人群，他们渴求事业有大的突破。这时候就面临是换行业还是换岗位的艰难抉择。

  如果你正在考虑转行，那么在做决定之前一定要综合考虑以下几个因素。

（1）准确地认识自己

  不能准确地为自己定位，不清楚自己的各项能力孰强孰弱，只是盲目跟风或跟着感觉转行是绝对不行的。核心竞争力、客户群、个人兴趣、特长、气质、性格样样都要考虑到，当然还要做好足够的心理准备。

（2）对目标行业多做了解

  特别是该行业的前景，毕竟朝阳行业才更有前途，也能给你这位新人更多机会。而且要主动了解，不能仅靠报纸或杂志介绍，俗话说"隔行如隔山"，最理想的状况是在该行业中有几个熟人，随时提供可靠信息，其内容包括升迁制度、薪资状况等各个方面，总之多多益善。

（3）寻求自身与目标行业的共同点

寻求自己与此行业的共同点，一般来说知识技能、面对的客户群、工作模式三方面中有一方面有共同点就比较好转行。

（4）从自身出发选择行业

一个人的个性对其所从事的行业有很大的导向性。你的个性敢于接受挑战和压力，才能适应管理、决策的节奏；一个人从事自己所感兴趣的工作，才能更好地发挥自己的潜力，做出成果。

2. 自我提升，给大脑充电

在竞争激烈的职场上，一纸文凭的有效期是多久？当你必须向别人出示你尘封已久的证书时，是否会怯场，感到没有底气？为了让自己不至于被时代的车轮碾碎，不断充实自己，掌握新知识、淘汰旧知识就成了在职场里的生存之道。

或许当你拿到金灿灿的学历时，曾经还是可以傲视群雄的。可劳碌几年后，猛抬头，才发现知识和技能的发展日新月异，学历飞速"贬值"，眼见着学弟学妹们揣着硕士、博士学历，意气风发地加入到自己的行列中，使自己在诸多方面受到限制，如加薪、升职的机会等，不自觉地就会有种"时不我待"的紧迫感……

是的，在如今藏龙卧虎、新人辈出的职场之中，如果你想单靠原有的一张文凭、一种技能在职场立足已几乎不可能。你必须居安思危，不断充电，学习掌握新知识和新技能，才能让自己"不贬值"，才能让自己在职场中时时拥有竞争力，永远占据一席之地。

(1) 知识充电

读书亦有章可循。当前出现的"读书热"是对过去读书无用论的否定，很符合社会的潮流。不过，在这种可喜的现象里，很多人身上出现了另一个问题：急躁、沉不住气，恨不得一个早上将所要读的书读完，恨不得一下子变成大学问家，如此急功近利的心态也是很不利于读书的。

(2) 技能充电

任何事物的认识都有一个从感性到理性的过程。仅从事物的表面看不出事物的本质，要想认识事物必须有一个逐渐深入的过程。同样，在工作中，技能的积累和熟练程度是在不断地摸索中逐渐完善的，若想在工作中立于不败之地，必须不断地进行技能充电，这就要求一定的实践过程。

(3) 智慧充电

要生存发展，就要拥有智慧。智慧是一种集创新智慧、道德智慧、处世智慧、情感智慧、健美智慧、审美智慧等于一身的智慧，也是一种不断地追求自我完善的发展智慧。

定时为自己充电可以让自己的职业生涯之树常青，但是充电有一些注意事项你知道吗？

时刻保持"饥饿"感。任何人对于自己想要做的事情，在达成之前都会花很多时间做各种的努力。但是，有很多人往往在取得初步成就后，就会产生"饱"的感觉，并进而抱着"守成"的观念，不肯再前进一步了。

一个饥饿的人，会主动地寻找食物。同样，一个对自己的工作有饥饿意识的人，会主动充实自己。因此，要想取得更大的成就，就必须忘记曾经取得的小小成就，让自己时刻保持饥饿感，寻找机会充电、学习，以求完善自我、超越自我，方能脚踏实地地阔步向前！

规避充电风险。充电也有风险？答案是肯定的。培训充电的风险主要来自付出的成本，当然还有精力和时间。要规避充电风险，在制订充电计划时，应该有一个成本核算。

一是经济成本。价格越昂贵的培训课程，含金量是否就越高？在面对五花八门、价格各异的培训课程时，往往会显得无所适从。一般来说，要根据自己的状况选择费用合适的充电，超过自我承受能力，不仅会影响生活质量，还会影响自己的心态。

二是时间成本。如果在某个时间节点选择了一个不适合自己发展的充电计划，也就相当于牺牲了宝贵的时间。因此，充电要考虑到时间的因素：如果平时工作量很大，有时还要占用业余时间完成工作，那最好选择利用周末和一段相对集中的时间参加学习。如果工作时间较为稳定，业余时间充裕，建议选择利用平日的晚上和周末上课的进修班，这样既不影响工作，也不会因参加学习而造成更大的压力。

三是机会成本。经济成本和时间成本是显性的，机会成本是隐性的，因为脱产充电，放弃现有岗位上的发展机会、脱离熟悉环境、疏远人脉圈等，都是得不偿失的。

寻找适合自己的充电方式。或许你会有这样的感慨：要学的东西太多太多了，社会上也提供了多种充电方式，但时间有限，都是下班后的"散碎银两"，应该选择哪一种呢？

职场变化无常，今天的"金领"也许很快就成了昨日黄花，今天含金量很高的证书，到了明天也可能不名一文。因此，你的眼光要放得远一些，结合个人职业生涯发展，经过理性规划的充电计划，才是将来职业生涯的理想投资。

如果你需要的是一块进入好企业的敲门砖，你可以选择能获取文凭，让你改头换面的系统学习；如果你已经拥有一份满意的工作，但危机意识使你产生继续充电的要求，你可以选择短期培训；如果你想获得更高的学历，则可以选择在职研究生班，但大多数在职研究生班申请硕士学位首先需要学士学位；如果你拥有较丰富的资历，相应的国际资格认证则会使你锦上添花；如果你想要获得海外学位，也有很多方式可为你提供选择。

就像我们在高考时希望考取知名院校以获得高水准的学习条件一样，无论选择哪种充电方式，你都需要了解提供教育的机构，如机构本身的素质、提供教育的系统程度以及文凭或证书在相应的领域中占有什么样的位置等。

总之，无论是拿出专门时间去深造，还是在工作实践中不断学习，通过基础和后续坚持不懈的努力，都能使那些有心的职场中人不断适应变化的环境，最终拥有纵横职场的能力。

3. 一定要有自己的专长

专长就是你在竞争中取胜的本钱，就是工作中拿得出手的本事，如果没有专长，老板凭什么给你高薪，凭什么把重要的工作交给你？所以如果你觉得在公司中不如意，那么就要检讨一下自己，然后在提升专业技能方面多做努力，把自己打磨成一块闪闪发光的金子。

人的一生，还存在着一种危险，那就是"平庸"二字。知识是有一些的，但没有专长，有的人很好学，似乎什么都想学一点，但又称不上"家",所以仍然派不上用场。而学有专长,则是一条迅速成长之路。

哈佛大学心理学家霍德·加德纳发现,标准智商测试只能测两种智能:数学和语言智能。而实际上,人的基本智能至少有五种:数学、语言、音乐、空间感、运动感。另外,智商还与两种社会生活智能有关——理解他人的能力和把握自身七情六欲的能力。所以,智商并不能全面反映人的智能。

人各有所长。如果能以自己某一方面的专长为基础,做坚持不懈的努力,去求发展,那是很有前途的。

已故世界著名男高音歌唱家、世界歌坛超级巨星卡诺·帕瓦罗蒂回忆说:"当我还是孩子的时候,我的父亲——一个普通的面包师,把我引入了歌的王国里。他要我勤奋,以开发我嗓子的潜力。我家乡的一位职业歌星收我为徒,同时我还在一所师范学校就读。

"毕业时,我问父亲:'我是当教师呢,还是做个歌唱家?'

"我父亲回答说:'如果你要同时坐在两把椅子上,你可能会从两把椅子中间掉下去。'生活要我只能选一把椅子坐上去。

"我选了一把椅子。经过7年的努力和失败,我才首次登台亮相。又过了7年,终于在大都会歌剧院演唱。现在想一想,不管你是搞建筑,或是写一本书——无论我们干什么,都应该把毕生精力献给它,矢志不移。这就是我成功的秘诀——只选一把椅子。"

一般来说,一个人或许可以所知甚多,所学甚广,但其所专大多只有一门。能做个专家的人,为数寥寥。即使不能当专家,能专一行,也已经是很不错的了。说起专家,又不禁令人想起那个"一线万金"的故事。

1923年福特公司有一台大型电机发生了故障，特邀德国电机专家斯泰因梅茨"诊断"。他在这台大型电机边搭帐篷，整整检查了3昼夜，仔细听电机发出的声音，反复进行着各种计算，最后踩着梯子上上下下测量了一番，最后就用粉笔在这台电机的某处画了一条线做记号。然后他又对福特公司的经理说："打开电机，把做记号地方的线圈减少16圈，故障即可排除。"工程师们半信半疑地照办了，结果电机正常运转了。众人为之一惊。

　　事后，斯泰因梅茨向福特公司要一万美金作为酬劳。有人嫉妒说："画一条线要索一万美金，这是勒索。"斯泰因梅茨听后一笑，提笔在付款单上写道："用粉笔画一条线，一美元；知道在哪里画线9999美元！"

　　这就是专家的水平。看上去，他个人的所得实在太丰厚了，但仔细琢磨起来，他为这条线能够画得如此准确而付出的心血又怎能是用金钱衡量的呢？再者，如果不是他准确无误地画准了这条线，福特公司为排除这一故障不知要花比这一酬劳多多少倍的价钱呢！

　　由此看来，人才就是价值，人才就是财富，而人才又必须有专门的技能，有哪一家公司不愿招聘到一流的专门人才呢？你想在就业中获得一个好职位吗？因此请尽早努力，尽快让自己成为某一方面的人才吧！

　　如果能培养自己一专多能，那么胜算就更大了。

　　常言说，艺多不压身。多一种专长或技能，就会在人生的道路上多一次机会，多迈出成功的第一步。目前，下岗人员再就业难，不单纯是因为对工作挑三拣四，文化素质不高和缺乏技能也是不可否认的事实。

　　素质与技能低下的职工队伍无法面对下岗的挑战。难怪许多下岗职工在劳动力市场上面对一个个招工单位对电脑、外语、技术等级的要求时，只好望而却步，扫兴而归。从有关部门的调查中了解到：在一些下岗和失业的人员中有 60% 的人没有技术专长。有一部分人原来是有技术的，但是随着科技的进步和生产力水平的提高，不能及时实现技能更新，原有的技术已被先进的科技所取代。比如，过去在印刷厂从事制版、检字的职工，都属于技术工人。但是现在，各印刷厂都采用了先进的激光照排和计算机制版。所以说，对老工人来说，技术已经成为历史，自己不知不觉地涉入到无技术的行列。

在战场上，狭路相逢勇者胜。在市场上，竞争激烈能者胜。

陈嘉原是广州一家工厂的幼儿园教师，1996 年下岗。下岗后，她没有消沉，而是不断充实自己，提高自身素质。她先后学习了医学美容、美术、插花、制衣、经络等知识，最后立足在美容界发展，开了间"金玉美容阁"。陈嘉与美容女工们和睦待客，提高技术，做出本店的美容特色。结果生意越来越旺，熟客越来越多，应了那句"酒香不怕巷子深"的生意行话。由此可以看出，只要多一技能，就多一次成功的机会。

一个人一无所长是一件非常危险的事，这样的人是职场上最脆弱的一群，经不起一点风浪，很容易就会被淘汰出局。如果你不想让自己陷入那样的处境里，就应该努力提升自己的职业技能，这样才会有前途。

4. 做好准备，抓住机遇

怎样才能攀上事业的高峰？有杰出的才干，灵活的头脑？其实这些都不是成功的关键。成功只属于那些有备而来的人，他们懂得抓住机遇，讲究工作的方式、方法，他们知道要成功就应先做好准备，再好的种子，如果落在沙漠上，也是很难发芽生长的，因此人们要为成功的降临准备一片沃土。

首先，我们都知道机遇的重要性，一个人能否有所成就，往往与是否得到良师指导、贵人提携等机遇有着重大关系，但是我们也知道，和天资、禀赋一样，机遇毕竟也只是提供一个机缘、一个条件、一种可能。要把这种机缘变成现实，还要通过自己的努力才行。因为，努力奋斗不仅可以充分利用机会，而且还可以为自己抓住机会、创造机会。

在公司中的各科室、各部门分配工作时，如果你只是一个普通职员，公司一般不会考虑到你的喜好。这时，不是工作来适应你，而是你来适应工作的需要。公司一般也不会考虑到你的个性，你只不过是公司的一个运转部件而已。在这种时候，很多人都会产生悲观情结，觉得自己只不过是一个再普通不过的人而已。

一位征服过珠穆朗玛峰的女探险家被问到她在登上峰顶有何感受时，她平淡地说道：

"我当时只觉得终于上了山顶，不用再向上爬了，仅此而已。"

她并没有觉得征服珠穆朗玛峰有什么伟大，只是觉得就像完成了一项平凡的使命那样。

而问题也在于此。她在征服珠穆朗玛峰之前，肯定碰到不计其数的困难，比如资金、队伍的编排、粮食、帐篷、氧气筒等各种问题。当他们距山顶只有600米的时候，由于天气不像平常那么稳定，情况十分危险，所以只选一名队员与领导一起攀登这最后的600米。最后，她被选中了，而其他人都是些无名英雄。

她当时之所以被选中，是因为她有相当好的体力，沉着冷静、经验、勇气、处理突发事件或突发危险的能力，不一人独占成果的谦虚个性等。

要想登高一步，就必须具有相当的观察力。虽然你不是登山员，但可以想象在征服高山时，每前进一步都有着一份内心的喜悦。她也并不是一开始就征服高山，而是从先登小山开始，然后才向更高的山峰挑战，等待积累更多的经验之后，终于征服了珠穆朗玛峰。人也是一样，人必须有一个累积经验的时期，从一座座小山开始逐渐升级，最终征服人生的"珠穆朗玛峰"。

对于一个登山队员来说，登上一座山并不意味着登山生涯的结束。相反地，他应当利用登前一座山所得到的经验来为登下一座山做更好的准备。所以，你也应当累积相当多的经验，留给别人一个有能力有才干的印象。如果别人认为你是一个十分能干的人，这本身就是一笔不小的财富。你一旦拥有了这笔财富，就意味着你将会进入人生最鼎盛时期。

生活中你会发现，那些在平时做足了准备工作的人往往是最后的成功者，因为他们懂得利用一切对己有利的条件，所以总是能在人群中脱颖而出，总是更容易被成功青睐。

我们知道，机遇只给有准备的人。但机遇稍纵即逝，不仅仅需要我们做好准备，更需要我们有该出手时就出手的气魄。机遇与风险是相伴的，抓住机会往往意味着需要放弃一些东西，或冒一点风险。很多人在这种情况下迟疑了、畏缩了，而机会也就从他们的指缝间溜走了！面对着大好良机却不敢出手，那么给你再多的机会又有什么用呢？

当今社会充满了机遇和挑战，但只有那些懂得抓住机会、敢于出手的人才能成为时代的弄潮儿。近年来的文凭热、出国热、经商热、特区热、股票热、学电脑热等，大都是青年人首先发起的，虽然这当中体现了他们狂热、浮躁的一面，但由于他们及时抓住了机遇，往往得风气之先，走在潮流的前头，因而获得了成功。

我们在生活中常看到一个有趣的现象：在大公司中，那些身居高位的总经理、总裁，往往都是些20多岁30出头的年轻人。其实早在改革开放初期，许多敢想敢干的青年人便及时抓住了机会，成为了市场经济的成功者。而许多中年人，尤其是一些中年知识分子却一直在那里反复论证、争辩姓社姓资，这样做是否符合某些原则、标准、规范等；等到别人已经富了起来，他们才如梦初醒，深感自己清贫。"要发财，忙起来"，一些中年人尽管想的很多，也欲在市场经济大潮中一试，但总是瞻前顾后，怕失败，怕老来无依，摩拳擦掌后又打起了退堂鼓。于是他们仍然每天按部就班地上班下班，喝喝清茶，看看报纸，讨论一下衣服款式，张家长李家短地传点小道消息。有时候，几个人也会聚在一起"侃大山"，但这也只是纸上谈兵，机会来时仍不敢出手，到头来他们这些人依旧是清贫一族。

机会并没有特别偏爱那些成功者，唯一不同的是当你还在"想"时，人家已经开始做了。如果下一次，机会再来叩你的门，那就请你像歌中唱的那样"该出手时就出手"吧！

5. 养成积极思考的好习惯

对于渴望成功的你来说，积极思考是一笔巨大的财富，不经大脑思考去做事，十有八九是要后悔的，所以能够成大事的一定是那些勤于思考、思路缜密的人。

你可以发现大凡成就伟大事业的人，都是因为凭借了一种积极的思考力量，是创造力、进取精神和激励人心的力量在支撑和构筑着所有成就。一个精力充沛、充满活力的人总是创造条件使心中的愿望得以实现。

如果你变得消极被动起来，原因是你逐渐地对自己失去了信心，这也许开始于其他人暗示你的无能，也许开始于你认为自己不能取得成就的想法，也许开始于你认为自己不能胜任目前职务的想法。总之，由于这种微妙的心理暗示作用，你的创新精神就遭到了极大的削弱，你再也不像以前那样满腔热忱、劲头十足地去从事任何事情了。你渐渐地失去了大刀阔斧、雷厉风行、果断处事的能力，你很快就会在处理一些重大事情时变得畏首畏尾，不敢做出决定，你的思想也很快就会动摇起来。因而，你就不会像以前那样成为领导者，而只能成为追随者。

你一定要从心底里坚信，你的精神力量、思想力量能够帮助你实现自己决心要做的任何事情。就是这种满怀信心的期待能使你集中全部的精神力量去努力成就事业。换句话说，你所有的精神力量会与你的期待保持高度一致。

你期待并决心要完成你全力以赴的事情，你首先在现实生活中给自己提供一幅应该努力使其实现的蓝图。这幅蓝图会成为你心中的愿景，这种愿景将激发富于创造力的你去做伟大的创造。怀有伟大梦想的人，绝不会在意成功道路上的障碍，因为他的决心和勇气会一一除掉妨碍成功的敌人，但这些敌人往往使那些意志薄弱和优柔寡断的人走向失败。

内在潜能当中有一种无法解释的神秘力量，但是，我们都能感受到它的存在，这种力量我们呼之即来，无论做任何事情，它总能贯彻我们的命令和决定。

例如，如果你觉得自己是一个无足轻重的小人物，处处不如人，那么一段时间以后，你就会真的开始相信这一切，然后，一种根深蒂固的观念就会深植在你的潜意识中。如果你流露出自己有不足的思想或有欠缺的思想，那么这种思想就会理所当然地被编织进你的生活中，然后，你就会在生活中表现出弱小、失败和贫困。

但是,如果你的想法恰恰相反,你坚定地认为自己是生活中的强者;如果你坚定地认为这些好事都将属于你,都将落到你头上,就好像是你生来就有这样的权利;如果你坚定地宣称自己完全有能力实现伟大、崇高的人生目标;如果你坚定地宣称自己拥有力量和健康,而与疾病、弱小、混乱无缘。那么,这种充分自信的心态就使得你积极主动,极富创造力,这种心态就会有助于成就你所渴望的事情。

(1) 不要做无聊的事

"流言飞语"是一种思想病毒。思想病毒和身体病毒大不一样。思想病毒毒害我们的大脑、思维,它难以捉摸,甚至中了毒的人都常常意识不到。

虽然思想病毒是看不见、摸不着的,但它带给我们的影响是实实在在的。它使我们热心于一些微不足道的小事,因为它是以微不足道的小事为内容的。它歪曲了我们对人的看法,因为它是以荒谬、歪曲了的事实为依据的。

应该说,交谈是我们生活中不可少的一部分,有的交谈是有益的,能推动你向前,使你觉得自己是成功者。但有的交谈则使你置身于毒气弥漫的环境,最终使你成为一个失败者。流言飞语就是散布有关别人的谣言,说别人的闲话。而传播者却以此为乐,好像从中得到了无穷的乐趣。不过他们没有意识到,在成功者的眼里他们却是多么可怜、多么可悲。谈论他人是很正常的,但我们必须站在积极的立场上,也不是所有的交谈都是闲话。自由讨论、谈谈有关工作方面的问题、聊天等有时候是必要的,但只有当它们具有积极意义时才对我们有帮助。

(2) 开发你全部的潜能

要想获得惊人的成就,必须动员你全部的潜能。根据大自然的法则,一个人能够绝对控制通过五官而到达潜意识心智中的物质,但是,这并不能解释为人始终能运用这种控制。而且绝大多数情况下,人并不运用这种控制,这是许多人贫困的原因。

利用专注的原则,你能有效地将你的注意力固定在一个目标上。当你闭上眼睛时,你能够看到那些金钱出现。每天至少做一次练习,必须要有信心,让你自己确实看到你拥有那些金钱。

最重要的事实是,潜意识接受坚强信心下达给它的任何命令,并根据这些命令去行动,虽然这些命令往往必须要反复地下达。依照前面的陈述,你可以对你的潜意识使用"诡计",因为你相信,所以让你的潜意识相信你必定会得到你所想象的财富,这笔财富已在等待着你去获取。这样,你的潜意识一定会向你提出获得这笔财富的实行计划。不要等待以服务或商品交换来的财富,而应立即开始看见你已经拥有了这些财富。

一旦养成了良好的思考习惯,你就等于掌握了巨大的智慧力量,借助这种力量你就可以把欲望变成财富,让成功的渴望变成现实!

6. 要有不达目的不罢休的精神

人的一生是需要用成功来支撑的,可是只有少数人是成功的幸运儿。人们往往虔诚而又谦卑地讨教成功的经验,当知道主要的答案是"坚持"二字时,好多人都叹息自己当初为什么没有坚持呢。譬如,挖掘一口水井,挖了99%,还没有发现泉水,于是自己就放弃了,那么过去的努力也白费了。

古希腊大哲学家苏格拉底,有一天对学生说:"今天,我们只学习一件最简单的事,也是最容易做的事,那就是把你们的手臂尽量往前甩,再尽量往后甩。"在自己示范了一遍以后说:"是不是很简单?但是,从现在开始,大家每天都做300次。"学生们感到这个问题太可笑了,纷纷猜测老师下一步到底要干什么,见他没有其他目的后,就马上连声回答:"能,能!"一个月后,苏格拉底问:"哪些同学坚持做了?"这时有90%以上的学生骄傲地举起了手。两个月后,当他再次发问,能够坚持下来的只有80%。一年后,他再次问道:"还有哪些同学坚持每天做?"教室里只有一个同学举起了手。举手的人就是后来成为古希腊大哲学家的柏拉图。

我们都知道,万事开头难。的确,好的开始等于成功了一半。但是,行动最重要的还在于持之以恒,不能开始了一点点,虎头蛇尾就完了,半途而废的人最终不会做成任何事情。

一件事从头到尾,也许过程并不会非常顺利,可能其间会遇到一些困难、挫折,也许由于你个人的原因导致事情被耽搁、被延误。这时候,你是打算继续回来把它做下去,还是做到哪里算哪里,就这么算了呢?

其实很多时候,很多的人总是在做下去还是放弃之间摇摆不定。一件小事,可能就会成为横亘在我们面前的艰难抉择。

下面是从一个企业老板的自传中节选的一段话:

"三年前,我怀揣梦想只身来到这个人海茫茫的大都市,想开创一份能够给我带来激情的事业,但是因为缺乏经验,缺乏独当一面的能力,我在相当长的时间内仅仅是做着距我的理想很遥远的工作,而且是那种仅仅为了解决温饱而做的工作。我曾经非常沮丧灰心,甚至焦虑得整晚睡不着觉,不知道自己在这里孤身一人饱尝孤独和艰辛是为了什么,不知道这种坚持值不值得。'放弃'这个词无数次出现在我的脑海里，一次次削弱我的斗志。这样的思想斗争现在看起来不算什么，可是在当时的确算得上是艰苦卓绝，从不断地怀疑自己到渐渐地树立起自信，这个过程是非常痛苦的。还好，我没有灰心，终于走了过来，坚持了下来，并真正找到了自己的价值。"

其实，很多事情，只要往前跨一步就是成功，关键就在于你肯不肯坚持这关键的一步。摆在我们人生面前的路总是很多条的，如果你选择了一条你认为正确并有兴趣走下去的路，那么，无论这条道路是荆棘还是泥泞，你都应该义无反顾地走下去，这就是坚持的精神。

我们很难想象那些总是半途而废的人能做成什么事情，因为他们每一次都草草地开始，又都匆匆地结束，目标摇摆不定，三心二意，今天觉得这个好，明天又觉得那个好，三天打鱼，两天晒网，最后兜了一圈回来，自己还在原来的地方一事无成。

当然，持之以恒、善始善终并不是想做就能做到的，它需要你有着足够的忍耐力和意志力，并且对自己的工作和事业充满热情。那些成功的人大多都有一个共同的特点，即坚忍不拔，意志刚强，不达目的决不罢休。

对自己的工作充满热情的人，不论有多少困难，或需要多大的精力，都会始终如一地用不急不躁的态度去进行。而事实的确正如他们所料，坚持了，瓜熟蒂落，水到渠成，收获就自然来了。

谁能够坚持到最后，谁就是最大的赢家。一般来说，笑到最后的人，也是笑得最开心的人。因为坚持，他得到了他想要的人生。

成功是一条铺满荆棘的漫长道路，只有坚持走下去，才能到达彼岸。如果你有半途而废的习惯，你只能一无所获、无功而返，先前再多的努力都会因你一时的放弃而毁于一旦。我们都知道市场竞争常常是耐久力的较量，有恒心和毅力的人往往是笑在最后、笑得最好的胜利者。

半途而废的人是不会拥有财富的，因此，如果你要挖井，就一定要挖到出水为止。

7. 必要时选择迂回前进

人生如攀登，为了登上山顶，有时我们就必须根据具体情况绕道而行，表面上看这样做似乎与原来的目标相背离，但事实上，我们这样做正是为了顺利地到达目的地。

有一位留学法国的计算机博士，毕业后在法国找工作，结果接连碰壁，许多家公司都将这位博士拒之门外。这样高的学历，这样吃香的专业，为什么找不到一份工作呢？万般无奈之下，这位博士决定换一种方法试试。

他收起了所有的学位证明，以一种最低的身份去求职。不久，他就被一家电脑公司录用，做一名最基层的程序录入员。这是一份稍有学历的人就不愿去干的工作，这位博士却干得兢兢业业、一丝不苟。没过多久，他的上司就发现了他的出众才华：他居然能看出程序中的错误，这绝非一般录入人员所能比的。这时他亮出了自己的学士证明，老板于是给他调换了一个与本科毕业生对口的工作。过了一段时间，老板又发现他在新的岗位上游刃有余，还能提出不少有价值的建议，这比一般大学生高明，这时他才亮出自己的硕士身份，老板又提升了他。

有了前两次的经验，老板也比较注意观察他，发现他对专业知识的广度与深度都非常人可及，就再次找他谈话。这时他才拿出博士学位证明，并叙述了自己这样做的原因。此时老板才恍然大悟，并毫不犹豫地重用了他，因为老板对他的学识、能力和敬业精神早已了解了。

与这位博士相反，许多年轻人初入社会时，往往把自己的一堆头衔、底牌全部亮出来，夸耀自己，结果或者让别人反感而难以与人合作，或者招来很高的期望值结果却让人失望，稍有失误便难以翻身。

毫无疑问，在人生的征程中，大多数的人们都愿走直路，沐浴着和煦的微风，踏着轻快的步伐，踩着平坦的路面，这无疑是一种享受。相反，没有人乐意去走弯路，因为在一般人眼里，弯路曲折艰险而又浪费时间。然而，人生的征程中却总是弯路居多，山路弯弯，水路弯弯，人生之路亦弯弯，只会走直路的人，恐怕一遇上弯路就傻眼了。因此，要想猎取到真正的成功，每一个人都要学会绕道而行、曲折至赢。

学会绕道而行，迂回前进，适用于生活中的许多领域。比如当你用一种方法思考一个问题和从事一件事情，如果遇到思路被堵塞时，不妨另用他法，换个角度去思索，换种方法去重做，也许你就会茅塞顿开、豁然开朗，有种"山重水复疑无路，柳暗花明又一村"的感觉。

在一次欧洲篮球锦标赛上，保加利亚队与捷克斯洛伐克队相遇。当比赛只剩下8秒钟时，保加利亚队以2分优势领先，一般说来已稳操胜券，但是，那次锦标赛采用的是循环制，保加利亚队必须赢球超过5分才能取胜。可要用仅剩下的8秒钟再赢3分绝非易事。

这时，保加利亚队的教练突然请求暂停。当时许多人认为保加利亚队大势已去，被淘汰是不可避免的，该队教练即使有回天之力，也很难力挽狂澜。然而等到暂停结束比赛继续进行时，球场上出现了一件令众人意想不到的事情：只见保加利亚队拿球的队员突然运球向自家篮下跑去，并迅速起跳投篮，球应声入网。这时，全场观众目瞪口呆，而全场比赛结束的时间到了。但是，当裁判员宣布双方打成平局需要加时赛时，大家才恍然大悟。保加利亚队这一出人意料之举，为自己创造了一次起死回生的机会。加时赛的结果是保加利亚队赢了6分，如愿以偿地出线了。

如果保加利亚队坚持以常规打完全场比赛，是绝对无法获得真正胜利的，而往自家篮下投球这一招，颇有迂回前进之妙。在一般情况下，按常规办事并不错，但是，当常规已经不适应变化了的新情况时，就应解放思想，打破常规，以奇招怪招来制胜。只有这样，才可能化腐朽为神奇，取得出人意料的胜利。

《孙子兵法》中说："军急之难者，以迂为直，以患为利。故迂其途，而诱之以利，后人发，先人至，此知迂直之计者也。"这段话的意思是说，军事战争中最难处理的是把迂回的弯路当成直路，把灾祸变成对自己有利的形势。也就是说，在与敌的争战中迂回绕路前进，往往可以在比敌方出发晚的情况下，先于敌方到达目标。

美国硅谷专业公司曾是一个只有几百人的小公司，面对竞争能力强大的半导体器材公司，显然不能在经营项目上一争高低。为此，硅谷专业公司的经理决定避开竞争对手的强项，并抓住当时美国"能源供应危机"中节油的这一信息，很快设计出"燃料控制"专用硅片，供汽车制造业使用。在短短五年里，该公司的年销售额就由200万美元增加到2000万美元，成本由每件25美元降到4美元。由此可见，虽然经商者寻求的是不断增加赢利，然而在激烈的竞争中每前进一步都会遇到困难，很少有投资者能直线发展，因此迂回发展也是大多数经商者所必须要走的共同道路。

在日常生活和工作中，我们也应有迂回前进的概念，凡事不妨换个角度和思路多想想。世上没有绝对的直路，也没有绝对的弯路。关键是看你怎么走，怎么把弯路走成直路。有了绕道而行的技巧和本领，才能在每一次人生出击中避开非赢即败的"老规矩"，从而顺利打通另一条成功的途径。

绕道而行并不意味着退却或放弃，而是在审时度势、打破常规，只要敢于和善于走自己的路，你就永远是一个大赢家。

8. 突破思维定式

我们每个人多多少少都会受到思维定式的影响，而且年龄越大，这种影响就越明显。对中年人来说，突破思维定式尤其重要，否则创造力就会受到阻碍。

众所周知，大象能用鼻子轻松地将一吨重的行李抬起来，但我们在看马戏表演时发现，这么巨大的动物却安静地被拴在一个小木桩上。

因为从它们幼小无力时开始，就被沉重的铁链拴在牢固的铁桩上，当时不管它用多大的力气去拉，这铁桩对幼象而言太沉重了，当然动也动不了。不久，幼象长大了，力气也增加了，但只要身边有桩，它总是不敢妄动。

这就是思维定式。长大后的象，可以轻易地将铁链拉断，但因幼时的经验一直留存至长大，所以它习惯地认为（错觉）"绝对拉不断"，所以不再去拉扯。从人类来看也是如此——虽被称为"万物之灵"，有着独特的高级思维能力，但自以为是或自我设限而徒然浪费了这种能力，实是愚蠢。由此可知，不只是动物，人类也并未摆脱常规思维的束缚，而只能以常识性、否定性的眼光来看事物，自以为是地认为"我没有那样的才能"，终于白白浪费了大好良机。除了这种静止地看待自己的形而上学的错误外，用僵化和固定的观点认识外界的事物，有时也会带来危害。比如，通常我们都知道，海水是不能饮用的，可是如果抱定了这种认识，也可能犯下严重的错误。

一次，一艘远洋游船不幸触礁，沉没在汪洋大海里，幸存下来的8个人拼死登上一座孤岛。

但接下来的情形更加糟糕，岛上除了石头，没有任何可以用来充饥的东西。更为要命的是，在烈日的暴晒下，每个人口渴得要命，水成为了最珍贵的东西。

尽管四周都是海水，可谁都知道，海水又苦又涩又咸，根本不能用来解渴。现在8个人唯一的生存希望是老天爷下雨或别的过往船只发现他们。

等啊等，没有任何下雨的迹象，天际除了海水还是一望无边的海水，没有任何船只经过这个死一般寂静的岛。渐渐地，他们支撑不下去了。

有7个人相继渴死，当最后一个人快要渴死的时候，他实在忍受不住地扑进海水里，"咕嘟咕嘟"地喝了一肚子海水。这个人喝完海水，一点儿也觉不出海水的苦涩味，相反觉得这海水非常甘甜，非常解渴。他想：也许这是自己渴死前的幻觉吧，便静静地躺在岛上，等着死神的降临。

他睡了一觉，醒来后发现自己还活着，他非常奇怪，于是他每天靠喝这岛边的海水度日，终于等来了救援的船只。

后来人们化验这海水发现，这里由于有地下泉水的不断翻涌，所以，海水实际上是可口的泉水。

习以为常，耳熟能详，理所当然的事物充斥着我们的生活，使我们逐渐失去了对事物的热情和新鲜感。经验成了我们判断事物的唯一标准，存在的当然变成了合理。随着知识的积累、经验的丰富，我们变得越来越循规蹈矩，越来越老成持重，于是创造力丧失了！于是想象力萎缩了！思维定式已经成为人类超越自我的一大障碍。

第三章 >>> 建立事业：实现最初的梦想

亨利·福特是一位了不起的人。直到44岁之前，他的生意才获得成功。他没有受过多少正规的教育。在建立了他的事业王国之后，他把目光转向了制造八缸引擎。他把设计人员召集到一起说："先生们，我需要你们造一个八缸引擎。"这些聪明的、受过良好教育的工程师们深谙数学、物理、工程学，他们知道什么是可做的、什么是行不通的。他们以一种宽容的态度看着福特，好像在说："让我们迁就一下这位老人吧，怎么说他都是老板。"他们非常耐心地向福特解释八缸引擎从经济方面考虑是多么不合适，并解释了为什么不合适。福特并不听从别人的意见，只是一味强调："先生们，我必须拥有八缸引擎，请你们造一个。"

工程师们心不在焉地干了一段时间后向福特汇报："我们越来越觉得造八缸引擎是不可能的事。"然而，福特先生可不是轻易能被说服的人，他坚持说："先生们，我必须有一个八缸引擎，让我们加快速度去做吧。"于是，工程师们再次行动了。这次，他们比以前工作得努力一些了，也投入了更多的时间和资金。但他们对福特的汇报与上次一样："先生，八缸引擎的制造完全不可能。"

然而对于福特，在这位用装配线、每天5美元薪水、T型与A型改良了工业的人的字典里，根本不存在"不可能"之说。亨利·福特炯炯有神地注视大家说："先生们，你们不了解，我必须有八缸引擎，你们要为我做一个，现在就做吧。"猜猜接下来如何？他们制造出了八缸引擎。

老观念不一定对，新想法不一定错，只要打破心理枷锁，突破思维定式，你也会像福特一样成功。

在竞争激烈的现代社会中，成功离不开创造力，而我们要想发展自己的创造力，就一定要打破思维定式的束缚，勇敢地去创新。

9. 敢于超越自己

人最难了解的就是自己。尤其是已经工作了几年的人，在社会上经历了风风雨雨，在职场上经过了各种挫折打击后，就更难正确地评估自己。我们凭空设立了一个高度，然后对自己说，这就是你的极限了，你能做的就只有这么多！于是我们再也不敢拼搏，再也不思进取，每次都低着头、弓着背，畏畏缩缩地从那个虚假的高度下走过，还颇为心安理得。其实，只要你抬头挺胸地大步前行，你会发现那个所谓的高度并不存在，而你能做的事要比你想象中多得多！

科学家做过一个有趣的实验：

他们把跳蚤放在桌上，一拍桌子，跳蚤迅速跳起，跳起的高度均在其身高的100倍以上，可以称得上是世界上跳得最高的动物！然后他们在跳蚤头上罩一个玻璃罩，再让它跳：这一次跳蚤碰到了玻璃罩。连续多次后，跳蚤改变了起跳高度以适应环境，每次跳跃总保持在罩顶以下高度。接下来，科学家逐渐改变了玻璃罩的高度，跳蚤都在碰壁后主动改变自己跳的高度。最后，玻璃罩接近桌面，这时跳蚤已无法再跳了。科学家于是把玻璃罩打开，再拍桌子，跳蚤仍然不会跳，变成"爬蚤"了。

跳蚤变成"爬蚤"，并不是因为它已丧失了跳跃的能力，而是由于一次次受挫学乖了、习惯了、麻木了。最可悲之处就在于，实际上玻璃罩已经不存在了，它却连"再试一次"的勇气都没有。玻璃罩已经罩在潜意识里，罩在了心灵上，行动的欲望和潜能已被自己扼杀掉了！科学家把这种现象叫作"自我设限"。

我们很多人也是如此：在你年轻气盛的时候，你总认为自己是无所不能的，很快你就在现实的社会里吃尽了苦头——责备、打击接踵而来。你不信邪，还是鼓起勇气继续奋斗，但迎接你的仍是批评和挫折。久而久之，你对失败由惶惑不安变成了习以为常，丧失了信心和勇气。于是你觉得自己这辈子也就只能如此了，偶尔感到失落时，就会安慰自己一句：命里三升，难求一斗啊。就像那只玻璃罩中的跳蚤一样，我们被自己限制住了，只懂得自怨自艾，殊不知只要打破那虚假的极限，就可以拥有一片广阔的空间！

老赵是镇上一家小医院的大夫，他为人本分，医术精湛，很受患者的好评。这家医院原来收入还可以，但由于现在人们生活水平提高，有病了大家都喜欢去市里的大医院，所以镇医院的病人越来越少。由于是自负盈亏，医生们已经两个月没发工资了，在卫生局的提议下，医院举行了换届选举，这个烂摊子谁愿意收拾啊！于是老实巴交的老赵被选为院长。老赵心里很矛盾，他是很喜欢管理工作的，可又担心做不好还要担责任，自己也不是当官的料啊！他永远都记得上高中的时候因为没有组织好春游，被老师撤了班长职位的事，连一个班长都当不好，怎么能管好一个医院呢？他决定去卫生局表态，请求换人！但妻子阻止了他："你还没干怎么就知道干不好？平常你看到医院有什么不合理的地方就总回家唠叨，现在该你管了，怎么又不行了，我看你就是只会说不会做！"老赵被激怒了，决定做出点成绩给妻子看看！走马上任后，老赵这个新官烧了三把"火"。第一，所有医务人员必须对病人态度亲切，有被病人投诉者扣当月奖金；第二，组织医务人员轮班进修；第三，新添一批先进医疗设备。别看老赵平时不说话，办起事来却雷厉风行。三个月后，医院情况明显好转，来就诊的病人越来越多了。大家都说：

"真想不到，老赵还有这样的本事！"老赵自己也觉得不可思议，他现在的日子可比以前舒心多了！

现实生活中也有很多个"老赵"，他们明明很有能力，却因为受到了一些挫折，就对自己的能力产生了怀疑，奋发向上的热情和欲望被"自我设限"地封杀。从此就画地为牢，将自己限制在一个小圈子里。老赵还算幸运的，他碰到了一个机缘让自己重新认识了自己，突破了自我设限。可是事实上大多数中年人都还被困在"圈子"里，尽管心有不甘，却从未想过要向外迈出一步。这是多么可悲的一件事！

现在放手一搏还不算太晚，不要再把"我不行"、"我不是这块料"之类的话当作口头禅，这只会使你意志消沉。每个人都有着巨大的潜能，很多事并不是你做不到，而是你不敢做，别再处处自我设限，否则你的人生只会是一团糟。

···第四章
经营婚姻：给爱情一颗淡定的心

婚姻是人生中重要的组成部分。美满的婚姻建立在爱情的基础上，但仅有爱情是不能保证婚姻长久的，婚姻还需要用心去经营。相对来说，女人对婚姻更看重一些，她们希望自己的婚姻能够一路顺利，但是她们不懂得经营，反而把自己的婚姻推向了毁灭。回想一下，你有没有爱唠叨的毛病，你是否经常和伴侣沟通，你懂得他的心吗？

1. 别让唠叨毁灭你们的幸福

我们常常听到自己的妈妈或者别人家的阿姨每天不停地数落自己的孩子和老公，哪怕是一点儿小事，这些情景让你觉得可怕。可是当你步入婚姻后，就会逐渐发现自己也变得爱唠叨了，为什么呢？

结婚前，很少有女人爱唠叨，因为她们比较轻松，哪儿用得着担心家庭问题、孩子问题。可结婚之后，女人渐渐变得爱唠叨了，尤其是上了一些年岁的女人。

青春的流逝让她们倍感伤心与无奈。同时，在生活工作中力不从心的感觉也让她们焦躁。偏偏她们的苦恼又得不到别人的理解，比如挣扎在社会夹缝里的丈夫和正处于叛逆期的子女。在这种情况下，她们只有通过不断地重复自己的观点，来吸引人们的注意，直至这种方式成为一种习惯。

绝大多数女人通常都不承认自己的唠叨，而是认为自己在生活中扮演的是"提醒"的角色——提醒男人完成他们必须做的事情：做家务，吃药，修理坏了的家具、电器，把他们弄乱的地方收拾整齐……但是，男人可不这样看待女人的唠叨。

女人总是责怪男人不该把湿毛巾扔在床上，不该脱了袜子随手乱扔，不该总是忘了倒垃圾。女人也知道这样做很容易激怒对方，但她认为对付男人的办法就是不停地重复某条规则，直到有一天这条规则终于在男人的心里生了根为止。她觉得她所抱怨的事情都是有事实根据的，所以，尽管明明知道会惹恼对方，还是有充分的理由去抱怨。

看看男人的感受吧：在男人心里，唠叨就像漏水的龙头一样，把他的耐心慢慢地消耗殆尽，并且逐渐累积起一种憎恶。世界各地的男人都把唠叨列在最讨厌的事情之首。

　　心理研究人员发现,无论男人还是女人,哪怕是孩子,无休止的唠叨或指责对他们来讲,都是一种间接的、否定性的、侵略性的行为,会引起对方的极大反感——轻则使被唠叨者躲进"报纸"、"电视"、"电脑"等掩体里变得麻木不仁;重则腐蚀夫妻关系,点燃家庭战火。所以有人说,世界上最厉害的婚姻杀手,莫过于男人觉得妻子越来越像妈,而女人发现丈夫越来越像不成熟的、懒惰的、自私的小男孩。不仅如此,生长在爱唠叨家庭里的孩子,很容易成为软弱无能、缺乏个性的人。

　　所以,一个唠叨的女人,对整个家庭来说都是噩梦。试想当疲惫的丈夫回到家里,便陷入毫无头绪的抱怨和痛苦之中,而这时他最想做的就是蒙头冲出家门。而年轻活泼的子女,更不能忍受你的唠叨,就算他们真得很爱你,但是大量的荷尔蒙会使他们做出更让你伤心的反应来。

　　那么,有品位的女人们,如果发现自己不知不觉中变得爱唠叨,特别是家人开始对自己有不满情绪时,就要引起高度重视了,这表明你需要学习家庭沟通艺术了:

　　(1)不要重复说同一句话

　　训练自己把话只讲一遍,然后就忘掉它。如果你必须很不耐烦地提醒你的丈夫六七次,说他曾经答应过要一起去做某件事。如果他现在已经在做了,你就不用再浪费唇舌多说几遍了。

　　(2)说话时要找好时机

　　傍晚时分,一家人在身心都很疲倦的情况下,唠叨会成为家庭矛盾的导火索。智慧的主妇会创造一个温暖的港湾来接纳家人,夫妻间的矛盾到了卧室再谈,就会缓和许多。

　　(3)培养幽默感

　　如果你对芝麻大小的事也会生气,早晚会精神崩溃的。所以要学会以宽容幽默的态度对待生活中不如意的事，而不是整天紧绷着脸。更别为了一些微不足道的芝麻小事，将爱情变成了怨恨。

千万记住，你不可能用唠叨的话套牢一个男人，这样做的结果只会破坏他的心情和精神，毁灭你的幸福。

2. 控制住你的坏脾气

从生理角度来讲，女人比男人更容易冲动，更爱发脾气，她们很难容忍不如意的事，然而坏脾气不仅会伤害他人，还会伤害自己。因此，女人一定要学会控制冲动之下的坏脾气。

生活不可能平静如水，人生也不会事事如意，人的感情出现某些波动也是很自然的事情。可有些人往往遇到一点不顺心的事便火冒三丈，怒不可遏，乱发脾气。结果非但不利于解决问题，反而会伤了感情，弄僵关系，使原本已不如意的事更加雪上加霜。与此同时，生气产生的不良情绪还会严重损害身心健康。

美国生理学家爱尔马通过实验得出了一个结论：如果一个人生气10分钟，其所耗费的精力，不亚于参加一次3000米的赛跑；人生气时，很难保持心理平衡，同时体内还会分泌出带有毒素的物质，对健康十分不利。

虽然人人都有不易控制自己情绪的弱点，但人并非注定要成为自己情绪的奴隶或喜怒无常心情的牺牲品。当一个人履行他作为人的职责，或执行他的人生计划时，并非要受制于他自己的情绪。要相信人类生来就要主宰、统治，生来就要成为他自己和他所处环境的主人。一个心态受到良好训练的人，完全能迅速地驱散他心头的阴云。但是，困扰我们大多数人的却是，当出现一束可以驱散我们心头阴云的心灵之光时，我们却紧闭着心灵的大门,试图通过全力围剿的方式驱除心头的情绪阴云,而非打开心灵的大门让快乐、希望、通达的阳光照射进来,这真是大错特错。

我们是情绪的主人,而不是情绪的奴隶。

著名专栏作家哈理斯和朋友在报摊上买报纸时,那朋友礼貌地对报贩说了声"谢谢",但报贩却冷口冷脸,没发一言。"这家伙态度很差,是不是?"他们继续前行时,哈理斯问道。朋友说:"他每天晚上都是这样的。"哈理斯又问他:"那么你为什么还是对他那么客气?"朋友答道:"为什么我要让他决定我的行为?"

一个成熟的人握住自己快乐的钥匙,他不期待别人使他快乐,反而能将快乐与幸福带给别人。每人心中都有把"快乐的钥匙",但乱发脾气的人却常在不知不觉中把它交给别人掌管。我们常常为了一些鸡毛蒜皮的事情或者无伤大雅的事情而大动肝火,当我们对着他人充满愤怒咆哮着的时候,我们的情绪就在被对方牵引着滑向失控的深渊。

有个脾气很坏的小男孩,动不动就乱发脾气,令家里人很伤脑筋。

一天,父亲给了他一大包钉子和一把铁锤,要求他每发一次脾气都必须用铁锤在家里后院的栅栏上钉一颗钉子。

第一天,小男孩就在栅栏上钉了30多颗钉子。但随着时间的推移,小男孩在栅栏上钉的钉子越来越少。他发现自己控制脾气要比往栅栏上钉钉子更容易些。

一段时间之后,小男孩变得不爱发脾气了。于是父亲建议他:"如果你能坚持一整天不发脾气,就从栅栏上拔下一颗钉子。"又过了一段时间,小男孩终于把栅栏上所有的钉子都拔掉了。

这时候,父亲拉着儿子的手来到栅栏边,对他说:"儿子你做得很好,可是你看看那些钉子在栅栏上留下的小孔,栅栏再也不会是原来的样子了。当你向别人发过脾气之后,你的言语就像这些钉子孔一样,会在人们的心灵中留下疤痕。你这样做就好比用刀子刺向别人的身体,然后再拔出来。无论你说多少次对不起,那伤口都会永远存在。"

不良情绪不仅会让我们身边的人无所适从,受到伤害,也会让自己受到伤害。所以,我们应努力管理好自己的情绪,以豁达开朗、积极乐观的健康心态工作,而不是让急躁、消极等不良情绪影响我们。不要让自己的情绪影响自己的心情,影响别人的心情,做自己情绪的主人,这是一个健康乐观的人要做到的最基本一点。

如何改掉乱发脾气的坏习惯,让愤怒的情绪尽快远离我们,是幸福人生必修的课题。

首先,我们要积极调动自己的理智来控制情绪,让自己在愤怒的时候先冷静下来。当他人的言语或者行为刺激到你时应强迫自己冷静下来,迅速分析一下事情的来龙去脉以及如果发脾气会给自己带来什么样的后果,然后再采取表达愤怒情绪或消除冲动的做法,尽量使自己不陷入冲动鲁莽、简单轻率的被动局面。比如,当我们被别人无端地讽刺、嘲笑时,如果顿然暴怒、反唇相讥,则很可能引起双方争执不下,怒火越烧越旺,自然于事无补。但如果此时你能提醒自己冷静一下,采取理智的对策,如用沉默为武器以示抗议,或只用寥寥数语正面表达自己受到的伤害,指责对方的无聊,对方反而会感到尴尬。

其次,我们在感到愤怒时还可以用暗示、转移注意力的方法。使我们生气的事情,一般都是触动了自己的尊严或切身利益,很难一下子冷静下来,所以,当我们察觉到自己的情绪非常激动,眼看控制不住时,可以及时采取暗示、转移注意力等方法自我放松,鼓励自己克制冲动。言语暗示如"不要做冲动的牺牲品"、"过一会儿再来应付这件事,没什么大不了的"等,或转而去做一些简单的事情,或去一个安静平和的环境，这些都很有效。人的情绪往往只需要几秒钟、几分钟就可以平息下来。如果不良情绪不能及时转移，就会更加强烈，发怒者越是想着发怒的事情，就越感到自己发怒完全应该。根据现代生理学的研究，人在遇到不满、恼怒的事情时，会将不愉快的信息传入大脑，逐渐形成神经系统的暂时性联系，形成一个优势中心，而且越想越巩固。此时如果马上转移，想高兴的事，向大脑传送愉快的信息，争取建立愉快的兴奋中心，就会有效地抵御、避免不良情绪。

女人们平时不妨进行一些针对性的训练，培养自己的耐性，比如练字、绘画、制作手工艺品等，坚持下去，你的心态一定会平和许多。

3. 真心是婚姻的"保鲜剂"

婚姻是两个相爱的人真正走到一起，组建了一个家庭，那么婚姻就不应该是爱情的坟墓，相信谁都需要婚姻天长地久。但是，这时候女人的婚姻已开始进入平实的生活阶段，有了宝宝后的生活更是每天忙乱，是实实在在的柴米油盐，没有想象中的那么浪漫。日子不仅平淡如水，而且有时还烦琐得惊人，时间久了，会缺少激情，甚至有的婚姻早早地触礁了。这说明婚姻需要保鲜了，需要我们把丰富多彩的内容加入进去，再混合我们的真情与爱，婚姻之树就会常青。

现代人都有这样的常识：想要保持食物的新鲜，就把它放进冰箱里。渐渐地，冰箱成了保鲜工具的代名词。

当然，爱情也会过期，所以人们想到最好的办法就是把它放进名叫婚姻的冰箱里。但冰箱的常识又告诉我们没有一台冰箱能够使里面的东西"永葆青春"，它只能延长物品的寿命。更现实的是，冰箱里还放着许多与爱情无关的东西。保存不当，它们会使爱情串味，加速变质，最终会污染整个冰箱。

所以，不要把东西扔进冰箱就置之不理，要时不时打开冰箱，把容易腐化感情的东西挪出去，把除臭除味的芳香剂请进来，在陈旧的爱情中添加新鲜的感情防腐剂。如果一时偷懒，及时发现补勤还来得及；如果一人疏于照管，另一人及时接班也还来得及。只要婚姻中的两个人能时刻注意为婚姻保鲜，生活就会时刻充满激情与浪漫。

那些婚姻时间维持越长、越美满的夫妻，往往越会保持刚恋爱时那种炽热的感觉。

有人说，那种炽热的感觉和爱情会随着时间的流逝而消失，要想法去维持。这就是说，要努力营造婚姻中的浪漫、情趣和幽默。

每一个人都希望自己拥有一个浪漫的婚姻，有的人以为只要找个浪漫的对象，婚姻就可以永葆浪漫，这是错误的想法。浪漫的人，特别是婚后的浪漫，更需要用责任和智慧在现实生活中去营造。

婚后的生活很容易使双方陷入日常的、千篇一律的家务活动中来，个人的角色由原来的恋人变成了工作伙伴和访客。久而久之，两人没了激情有了距离，生活没了色彩有了乏味，爱情走向结束，婚姻面临危机。

婚姻的保鲜内容是十分丰富的。从小事做起，从不经意中做起，从情感做起，从包容做起，等等。女人可以每天给丈夫熨一下衬衣，让丈夫在一天的生活中体会夫人的温暖；可以在送丈夫上班时，擦一下皮鞋，顺便告诉他，希望他早点回家。现在很多男人做早餐、送孩子。为夫人担当了一定的家务，光干不行，如果加上一句"夫人上班很累，我多干点"，夫人听了这样平常的语言，表面没什么，但内心是愉悦的。当然，还有更多的方法，在临下班时打个电话，给对方一个礼物、一个惊喜，投其所好是最恰当的保鲜方法。

婚姻保鲜的形式是丰富多彩的，根据文化程度的不同、经济条件的限制、生活习惯的养成，不同的家庭有不同内容。结婚纪念日，是最好的保鲜机会，它给我们提供了时间、内容……我们有无数个理由，向对方表达自己的爱，自己对家庭、对对方的要求。让我们的夫妻感情回到当年的热恋境界。把"死了都要爱"表达得淋漓尽致。

海鲜就是重在了"鲜"字上。婚姻的保鲜，就是难在了"天长地久"上。生活中每时每刻都需要理解、包容、爱恋对方，真是很累的事情、很小的事情、很难的事情啊！保鲜婚姻是一生的课题，它也潜移默化地影响着孩子。

为婚姻保鲜，看起来是一件很抽象的事，但只要用心去打理、用爱去经营、用智慧去管理，这样的婚姻给人的感觉肯定是每时每刻都新鲜。

（1）童心

许多人对一些中老年人喜欢手舞足蹈、载歌载舞不理解。这些人忽视了童心不泯能增加许许多多生活情趣。其实，只有童心不泯，青春才可常驻，爱情才可历久弥新，所以最好能多保留一点儿天真、单纯，多拥有一点儿爱好、好奇心，多玩一点儿游戏。不管是男人还是女人，在外尽管当"正人君子"，可回到家，大门一关就最好当大孩子。这样，生活就会充满乐趣，夫妻之间也会有新鲜感。

（2）浪漫

不少家庭太注重实际，而缺少浪漫。也许有人碰上这样的提问："工作、家务忙了一整天后，一家人为什么不去散散步呢？"他会回答说："我很累。"其实，能否浪漫的关键在于是否拥有浪漫情怀。不要以为浪漫无非就是献花、跳舞，不要以为没有时间、没有钱就不能浪漫。要知道，浪漫的形式是丰富多彩、多种多样的。只要用心去做，让对方感受到你的爱，这就是浪漫。

（3）幽默

许多人把喜欢开玩笑看成油嘴滑舌、办事靠不住，认为夫妻之间讲话应该讲求实在，用不着讲究谈话艺术。殊不知，说话幽默能化解、缓冲矛盾和纠纷，消除尴尬和隔阂，增加情趣与情感，让一家人其乐融融。

（4）亲昵

专家研究发现，亲昵对提高家庭生活质量有着妙不可言的作用，而长期缺少拥抱、亲吻的人容易产生"皮肤饥饿"，进而产生"感情饥饿"。因此，家庭生活最好能多点儿亲昵的举动。例如，长大了的女儿仍挽着父亲的手；夫妻出门前拥抱、接吻；一方加班回来迟了，不妨安慰、鼓励忙碌的另一方的等。

（5）情话

心理学家认为：配偶之间每天至少得向对方说三句以上充满感情的情话，如"我爱你"、"我喜欢你的某某优点"等。然而，不少夫妻更希望配偶把爱体现在细致、体贴的关心上。这固然没错，但如果只有行动，没有情话，会不会给人以"只有主菜，没有佐料"的缺陷感呢？

（6）沟通

人们经常可见，一些平日相处不错的夫妻一旦吵起架来就翻陈年旧账，把陈谷子烂芝麻的事儿一股脑儿全倒出来，结果"战争"升级，矛盾激化，有的甚至导致劳燕分飞。正确的做法应该是加强沟通，有意见、不快，应诚恳、温和、讲究策略地说出来，并经常主动去了解对方有什么想法。吵吵架也不一定是坏事，毕竟它也是一种沟通手段，只是吵架时千万别翻旧账、别进行人身攻击。

（7）欣赏

人们常用欣赏的眼光看自己的孩子，所以总觉得"孩子是自己的好"；又因为常用挑剔的眼光看配偶，所以总认为老婆（丈夫）是别人的好。例如，一方全身心扑在工作上，另一方既可以赞赏："他（她）事业心强！"也可以指责："一点也不把家放在心里！"这说明了，用不同的眼光去评价同一件事，结论会大相径庭。如果你不假思索就能数出配偶许多缺点，那么，你多半缺乏欣赏眼光。如果你当面、背后都只说配偶的优点，那么，你就等于学会了爱，并能收获到爱。

婚姻这门学问需要人一辈子去学习，正所谓活到老学到老，一时的疏忽大意，可能就会带来一生的遗憾。

4. 用沟通解决你们的矛盾

因为婚姻是来自两个不同家庭，有着不同人生观、价值观的男女走到一起，客观存在的差异难免会使他们在共同的生活中产生一些摩擦，如果不能及时进行深入的沟通，那么"小摩擦"就会变成大矛盾。

首先，为了避免蓄积恶性能量，夫妻双方一定要选择好时机，巧妙而策略地进行交流沟通。我们经常在一些外国影视片中听到夫妻某一方说："我想找你谈谈！"于是，双方会找一个机会把心中的不快全倒出来。而不少中国夫妻却把意见、不快压抑在心里，不挑明，还美其名曰"脾气好，有修养"。其实，相互闭锁只能导致误会加深，长期压抑等于蓄积恶性能量，一旦爆发，破坏性更大。

不同内容的交流沟通，对时机的选择有不同的要求，比如交流沟通不愉快的话题，或想提出意见，在时机的把握上就要动一下脑筋。千万不要在丈夫或妻子心情不好时提出来，特别是当男人劳作一天之后，回到家里，最想得到的就是轻松愉快的心境，此时的女人最好不要提起不愉快的事情。男人喜欢事情过去就不再提起，你最好不要动不动重提令人烦恼的旧话。如果此时你能制造出一种愉快的气氛，让两人一起回忆幸福的往事，将会度过一个美好的夜晚。

如果你对他有意见，想跟他吵架，千万不要当着同事、朋友的面或当着孩子、父母的面，这样做的结果只能是两败俱伤。男人多数都很重视自己的尊严和面子，所以你应注意自己的行为对他造成的感受，不要在大众面前伤了他的自尊。还是多注意一下自己在外人和他的同事面前的言行为好，尤其不要大事小事都想找他的父母、同事、朋友或领导反映。

　　即使掌握了以上的原则，夫妻之间仍然会有摩擦，也会有"冷战"。这时，夫妻之间一定要有一方站出来，寻找合适的时机进行沟通。但是，现实中很难有一方首先来寻求交流的，这是因为：一是夫妻间的冷战给双方造成了心理压力，二是"冷战"后双方都渴望与对方沟通，只是碍于面子谁也不愿主动打破僵局，仿佛谁主动谁就是"冷战"的肇事者。其实对于夫妻来说原本不该有这么多的顾虑，想想当初恋爱时的"一日不见如隔三秋"和相互关爱，没什么是沟通不了的。有了摩擦都较着劲不理对方，久而久之，真的可能会使对方习惯了没有你的日子，以至于分道扬镳也不是不可能。

　　只要还想维持婚姻关系，并且希望婚姻生活幸福美满，就必须有一方要首先开始交流沟通，丈夫作为男人，尤其要勇于担起这副重担。有一对关系还不错的夫妻某天闹了别扭，接下来谁也不理谁，过了几天后，妻子回家推门看到以前井井有条的家像遭了贼一样，东西乱七八糟摆了一地，卧室的门敞开着，丈夫跪在地上不断地从柜子里向外扔东西，越扔越急的样子好像是在找一件很重要的东西。妻子忍不住问丈夫："你在找什么？"丈夫猛然回头回答道："我在找你的这句话。"小小的插曲使妻子明白丈夫的良苦用心，夫妻终于讲和了。

　　其次，因为男人天生不太喜欢用言语表达思想和情感，所以应当着重加强这方面的训练。

　　做丈夫的切莫仅仅认为沟通不过是说说话而已，其实里面大有学

问,在与妻子谈话时,最好不要忘记以下几点:

(1) 常常回忆恋爱时两人在一起谈话的情形,在婚后仍然需要表现出同样程度的爱意,尤其要将你的感受表达出来。

(2) 女人特别需要跟她认为深深关怀呵护她的人谈话,以表达她对事物的关切与兴趣。

(3) 每周有15个小时与另一半单独相处,试着将这段时间安排得有规律,成为一种生活习惯。

(4) 多数女人当初是因为男人能挪出时间与她交换心里的想法与情感,才爱上他的。如果能保有这样的态度与心意,继续满足她的需求,她的爱就不会褪色。

(5) 如果你认为抽不出时间单独谈话,多半是因为你们在安排事情的轻重缓急上有问题,同时在设定的谈话时间里,最好不讨论家庭的经济问题。

(6) 不可以利用交谈作为处罚对方的方式(冷嘲热讽、称名道姓、恶语相向等),谈话应该具有建设性而不是破坏性。

(7) 不要用言语来强迫对方接受你的思考方式,当对方与你的想法不同的时候,要尊重对方的感受与意见。

(8) 不要将过去的伤痛提出来刺激对方,同时要避免僵持在目前的错误里。

(9) 配合对方有兴趣的话题,也培养自己在这方面的兴趣。

(10) 谈话之间也要有平衡的,避免打断对方的谈话,试着把同样的时间留给对方来发言。

婚姻中的沟通应该是双向的,不要总是有了嘴巴没有耳朵,只有彼此尊重、互相倾听的沟通才是有效的沟通。

5. 学会赞美你的男人

当被男人夸奖聪明、漂亮时，任何一个女人都会觉得很甜蜜，同时也自认为自己确实像别人说的那样优秀。即使自身并没有达到那种优秀的程度，女人也会在这种激励之下往优秀的方面发展。其实不光女人爱听赞美之言，男人也是如此。一个男人爱上一个女人可能有很多理由，比如她聪明、漂亮，或者气质高雅、温柔贤惠……其实男人心中另有一个秘密，那就是这个女人令男人觉得自己更优秀。

男人的好胜心、虚荣心比女人有过之而无不及，他们喜欢在异性面前显现自己光彩的、强大的一面，只有在无人的角落里，才肯默默地舔舔伤口或者偷偷地喘口气儿。当他们遭遇挫折失去希望而伤感和自卑的时候，如果有一个女人在他身边一直鼓励他："你肯定能够做到"、"我绝对相信你的实力"、"其实你很聪明的"。这种赞扬会使他心中充满干劲，回过头来，他会以更加充足的爱意来回报你。

在教育孩子方面，有句话这样说："只要'往死里夸他'，任何孩子都能成为天才！"实际上，男人就是个孩子，无论外表怎样坚强，在巨大的压力或者挫折面前，他的内心都是柔软脆弱的，需要你温柔肯定的激励，需要你的安慰抚摸。

所以女人们要把自己甜言蜜语的功效发挥到最大值，主动地称赞老公，真诚地向他传达你的欣赏和爱慕。注意一定要有的放矢，夸到点子上，这还需要我们去耐心发掘老公的闪光点。男人必然有许多值得称赞的行为，只是被忽视罢了，这就要事事处处加以留心。这就要求我们时时留心老公的行为举止，从中发现老公的可取之处。如果老公每做一件漂亮的事，都能及时得到老婆的赞美，你的老公会发现自己娶了一个世界上最善解人意的女人，他对你的爱也更加深厚。

要想牢牢把握男人的心，日常生活中的多多夸奖是必不可少的，这让老公觉得自己是被人欣赏的。尤其是当老公遇到挫折的时候；当他遇到了两难的选择，内心在作挣扎的时候；当他要向事业的更高峰进军的时候……这些时候你奉上真诚的鼓励，以实际行动支持他，男人会从内心里感动，所谓"患难见真情"，可能从此这个男人就会彻底臣服在你的脚下。

现代社会，竞争和压力无处不在。男人为了事业、为了家庭拼命打拼，再多的苦和累，他们都默默地承受；再多的委屈和辛酸，他们也深埋心底。他们唯一的渴望就是在拖着疲惫的步伐回到家里的时候，老婆真诚地对自己说一声："你辛苦了。"这会让他感到温暖和幸福，让他的疲劳消失殆尽。当男人的事业不如意或情绪低落时，他的心情难免会烦躁，那证明他是一个有责任感的男人，这时你的奚落会让他觉得很没面子，也会觉得你看不起他，很影响你们之间的感情，当你安慰他的时候，一定要把握好这个度，不宜多说，但也不要默默地一言不发。很简单的一句话："老公，你是最棒的。咱不着急，失去你那是他们的损失。"表达的是你对他的理解和尊重，还有对他深深的爱和浓浓的情。换来的是老公的东山再起和对你更依赖的爱。

心理学上有这样一种现象：如果你看重某人，对他寄予深切期望，那么他一般都会尽力地按你希望的样子去奋斗，因为他不想辜负你的一番期望，他想通过努力证明自己是值得你看重的。所以，女人们，按你希望老公成为的样子去夸奖他，你会发现老公正在往你期望的方向转变。

李欣是个很普通的女孩子，在一家出版社任助理编辑，长相平平，家世也一般，属于再普通不过的女人了。但就是这样一个女子，爱情生活却异常美满。

她的老公杨林和她是大学同学，杨林踏实肯干，早在大四时就开始帮一个大型集团做项目。毕业后，进入该集团北京分公司，只用了两年的时间便被提拔为客户经理，收入颇丰。

老公非常宠她，每次外出公干，都要给李欣买许多时尚服装和女人们喜欢的小饰品。在家的时候，也都尽量地陪着老婆，并且主动分担家务。

李欣表示："我老公是完美无缺的，虽然别人不这么认为，他自己也不这样认为。"

她的老公确实不算完美，戴着厚厚的眼镜，严谨有余，倜傥不足。"我知道他的毛病，他总是把自己想得太低。"她说，"这不行，我可不想让我的孩子有个懦弱的父亲。所以，我就天天想方设法吹捧他，甜言蜜语，花言巧语，豪言壮语，我就不信他不爱听。现在为什么他业绩那么好，进步那么快，嘿嘿，家里有个激励大师呢！"

李欣的成功之处就在于她给老公勾画了一个蓝图，并且通过鼓励让老公相信自己可以非常优秀，这样男人的潜力就被激发出来了，他就会朝那个方向去努力。

称赞是一剂灵药，它可以使男人进步，在一个好老婆的鼓励下，男人可以从懒惰变为勤快，从自卑变为自信。要知道，好男人是聪明女人调教出来的。

如果你想让他多干些家务活，只需让他感到被需要即可。男人都喜欢被人夸奖他强健有力，可以很快把一件事情搞定。当他登上梯子快乐地粉刷墙壁时，他会感觉自己在做一件多么了不起的大事。

无论他心血来潮地做了什么，比如整理了一下书房，你都要夸奖他。也许书房被他整理得乱七八糟,所有的书的分类都被打乱了,这都没有关系,你只需像在动物园里给表现最好的海豹鼓掌一样,然后趁他不在的时候,自己亲自再把所有的书分门别类,实际上这也不是多么麻烦的事情。如果你在他兴致高昂的时候说"书都被整乱了",那你就惨了。他会因此不再做任何家务活,离你的期望越来越远。

当老公在事业上停滞不前时,我们要坚定地站在他身后,鼓励他再接再厉,相信他有潜力、有发展空间,上司很快就会发现他的能力;如果他是一个大男子主义的人,我们可以把他偶尔为家里做的一些微不足道的小事,郑重其事地提出表扬,你可以说:"嫁给你这样的好男人,我一辈子都不后悔。"用我们热情的称赞、坚定的支持,把老公打造成期望中的样子。

6. 做"大女人",也要做"小女人"

"大女人"是精明能干的女强人,驰骋商场,呼风唤雨,在工作上出类拔萃,即使感情受到挫折,也以最自信的姿态出现在众人的面前;"小女人"能力有限,每天正点上下班,接孩子,给老公做饭,休息时间操持家务。

可能由于女权运动,也可能是由于受资本主义自由发展的影响。社会上出现了越来越多的"大女人"——她们与男人一样在事业上打拼,独立、精明、大气而且能干,无论手段还是气势丝毫不输给男人。她们不仅身居高职,拿着不菲的薪水,而且颇受领导赏识。我们称这些女人为女强人。她们完全打破了传统的男主外女主内的传统观念,仿佛要与男人争那另半边天,尽管在事业上许多男人不得不佩服她们的机智和作风,但是很少有男人愿意找一个这样的女人做伴侣,他们无法忍受一个比自己还强的女人,那会让他们感觉不到自己被需要。

但是综合现在的社会情况,居家的女人毕竟是少数。一个女人在单位里可以是横眉冷目的主管,但是在家里还是妻子、是母亲,没有必要用"将军命令士兵"般的口气与你的丈夫或孩子说话。

我们其实还是建议现代的女性有自己的事业,有自己的社交圈子,有自己的天空,但是如何让自己的地位转换得到平衡,是对男人的尊重,也是作为妻子应该尽到的责任。

当你下班在家里的时候,何必还要摆出高姿态让自己那么累呢?依偎在你丈夫的身边,做个小女人又有谁会笑话你呢?也让你的丈夫感受一下可以被依靠、可以保护你的大男人的心理,不是很好吗?

其实做个小女人是很幸福的事情,你可以有很多幻想;可以活得轻松浪漫;可以给自己的偷懒找出N多个理由;可以聪明地装糊涂;也可以体贴入微地照顾别人,感受一下关爱别人的快乐;还可以撒娇地让别人来照顾你。这个时候你是妻子,是你丈夫的宝贝,不是严厉的经理,也不再面对你的下属。

小女人对待朋友真诚而傻气,和从前的同事、朋友保持着联系。没事就来个聚会向大家倾诉自己的心事,讨论未来和怀念以前的种种。小女人的真诚经常让朋友感动。

小女人会对被开除的同事说:"如果不被开除,你还是个默默无闻的职员,还在耽误前程呢!如今做了'部门经理',你的才能发挥得淋漓尽致,有空请主任吃顿饭吧?他不开除你,你哪有今天。你可要记住报恩啊。"朋友听得心花怒放,非常豪爽地说:"只要你将我当成好朋友,你什么时候有空?我请你吃饭。"小女人大方地回答:"你什么时候心情好就什么时候请我吧?"小女人的一番话暖透了朋友的心。

小女人处世的哲学并没什么值得借鉴之处,她只是常站在别人的角度为别人着想,多考虑别人的难处,即使有时吃亏也不介意。在她的眼中,名利和地位并不比朋友和爱人来得重要。

其实许多"大女人"也并不是真的就想做个"大女人",每个女人的骨子里都有"小女人"的情怀,只是她们的生活环境和方式以及现在的地位不允许她有丝毫的松懈,只能上紧发条不停地做事。

要知道,这个世界是由男人和女人组成的,上帝已经分配好了让他们各司其职。那些体力劳动和辛苦的工作就交给男人去做吧!女人看守好你自己的这片后方净土,同时做一些你喜欢做的事情。如果因为生活的原因你不得不与男人一样辛苦,请自我调节,让自己不要那么强悍,也许你成功的机会会更大。如果你已经成功了,维护好你的爱情和家庭,别让自己太累,别让你的丈夫感觉到家里缺少了应有的"女人味"或者"母爱",不要把家当成你的办公室,这样你才能获取事业、爱情双丰收!

7. 试着融入他的朋友圈

大自然中有生物链,每种生命都是息息相关、环环相扣的。同样,在人类社会中也存在着一个硕大的关系网。因此有人开玩笑地说,由人来推人,他就有可能和很多伟人、名人沾亲带故的了。

人类的进步就是在所有人的参与下进行的,每个人一出生就意味着他要为这个社会做点什么。而每个人的发展和进步又同样离不开别人的推动和影响。细想下来,社会上如此,家里和朋友间也是这样。因此,一个女人要很好地和丈夫的朋友相处是很有必要的。

每个人,特别是每个男人都会有一帮玩得很好的朋友。他们经常在一块吃饭喝酒,一起出去搞活动,坐在一起吹牛侃大山。在这里,他们找得到自信和快乐。因此，朋友对于男人是很重要的。如果女人能够很好地和丈夫的朋友相处，她也就可以很好地和丈夫相处了。

和丈夫的朋友相处，可以扩大自己的交际圈。通常情况下，男人偏向于和男人走到一起，成为很好的朋友，女人偏向于和女人走到一起，成为知心的密友。所以，这在交往上就出现了一个缺口。而这个社会男人还是比较占优势的，无论在社会上还是政治上，无论在工作中还是在家里，男人占主导地位的形式还是延续着和发展着的。所以说，女人能够通过丈夫认识更多的人，学到更多的东西，也可以获得更多的帮助。

和丈夫的朋友相处，可以更好地了解自己的丈夫。正如那句话，物以类聚，人以群分。一个男人和什么样的人交朋友，通常可以显示出他自己的性格和素质。正是因为他们志趣相投，所以他们才可以走到一起，玩在一起。处于同一个阶层，他们才可以找到自信心和安全感。生活中，有很多话很多事情，你的丈夫可能不和你说，却会告诉他的那些朋友。也许，他怕你跟着着急，不想让你担心；也许，他怕你知道了会对他产生怀疑，等等。生活中很多误会就是这样产生的。就像《孔雀东南飞》里，焦仲卿没有告诉妻子他去看望罗敷了，他怕妻子吃醋，影响妻子的心情。结果，刘兰芝知道了，却以为是丈夫背着自己和罗敷有往来。于是才闹出二人之间的误解和冷漠。如果焦仲卿一开始就告诉妻子他是为了还罗敷一个恩情才去看望她的，刘兰芝不仅不会生气，而且还会感觉丈夫知恩图报，有大丈夫的风度。

和丈夫的朋友相处，可以增加夫妻间的感情。当你和丈夫的朋友也成为朋友的时候，在他们出去游玩或搞活动的时候，你就会是其中的一份子了。这样，在活动中，你可以通过协作和关心增加与丈夫的默契感。

另外，你在丈夫的朋友们面前表现出对丈夫的好，丈夫也会感觉到很自豪，就会更加重视你。而且，你和丈夫的朋友们处好关系，他们也就会为你们的幸福出力,在你们有矛盾的时候,他们也可以及时地帮你们疏通解决。

　　生活中,相当一部分女人处理不好和丈夫的朋友的关系。她们会经常骂丈夫:"又和你那帮狐朋狗友出去混了吧?"这其实是男人非常讨厌的一句话,因为你骂他的朋友就等于在骂他自己。男人都比较看重这一点,女人这样做只会在夫妻之间产生矛盾。在朋友面前,男人最注重自己的面子。这些人对他来说也是极为重要的,他会想尽一切办法在兄弟面前保持自己的威严。

　　所以说,女人能否和所喜欢的男人的朋友很好地相处也是很重要的,也是一门学问。大家彼此都是好朋友,当爱情出现危机的时候,他们都会向你伸出援助之手。在和那些朋友相处的过程中,你能更了解自己的丈夫,这有利于增进夫妻间的感情,还可以学到很多东西,让生活变得更充实。

8. 给男人面子就是给自己面子

　　很多时候,恋人或者夫妻之间产生矛盾都是因为男人的面子问题。也可以说,女人要想在爱情和婚姻中与男人相处得更愉快和轻松,就不得不注意在一些公众场合多给男人面子。

　　生活中,很多女人或许遇到过这样的情况,当那些漂亮聪明的女孩子到家中来时,丈夫总是比平时与自己在一起时表现得更兴奋、更有风度……这个时候,很多妻子都会有一种被冷落和忽视的感觉,情绪就会低落而倍感沮丧,但为了显得自己有气度,女人往往还得保持平静和自然,其实心里已经开始隐隐作痛。有时女人甚至会怀疑丈夫是不是已经另有所爱了,是不是已经背叛了你们的爱情。如果女人当场就指责丈夫

"不道德",他恐怕会为此大发雷霆。这样,伤害的恰恰是女人自己很在乎的东西——爱情和婚姻。

事实上,丈夫在其他女性面前有时表现得比对你平时更热情更爱交谈,那是一种很正常的现象。这也不能表明他已经喜欢上了别人。男人在漂亮聪明的女人面前都有一种表现欲,以显示自己的才思与智慧。而女孩子那种钦佩渴盼的眼神和赞许,也更能激发男人的表演热情。但客人走后,他还是你的丈夫,还会为你和你们的家庭操劳忙碌。因此,女人那个时候不恰当的质疑和争吵都是不必要的,既不能得到任何补偿,还会伤害了夫妻间的感情。

生活中,女人往往还会遇到这样一种情况,一天回到家里,你突然看到丈夫领来了一帮不速之客,在屋里吃吃喝喝,划拳说笑,搞得满屋子杯盘狼藉,到处是令人反胃的烟酒味。这个时候,大部分女人都会心生不快,面带愠色。气度大一点儿的女人心里不高兴,表面上会带着一副勉强的笑脸匆匆逃进卧室。气度小一点儿的,就有可能当场摔桌子砸板凳。女人会认为丈夫不尊重自己,不顾及自己的感受,因此夫妻间就会产生矛盾。事实上,当丈夫的同事或多年旧友见面后,都提议聚一聚,而你的丈夫会慷慨地说:"到我家去。"可他人故弄玄虚地说:"是否需要和嫂夫人打个招呼?"丈夫被这么一将,自然男子汉自尊心油然加重,一拍胸脯说:"咱们家没这规矩。"于是,你便看到了那种情况。

遇到这种情况,女人应当理解丈夫的心理,他只是不希望被人认为是怕老婆,其实他心里着实有些歉意。反过来,如果你一进屋,表现得很友好,很高兴,说:"他经常说起你们,好不容易来一趟,就得好好聚聚。"或者"你们尽兴地吃喝,我去厨房再给你们炒两个菜去。"那时,不仅丈夫的朋友会夸你贤惠懂事,丈夫也会在心里对你万分感激。这样一来,丈夫只会对你更加好,当别人夸你时,他也会引以为豪的。或者,等客人走完以后,你可以给他提醒,别经常这样,不然会影响家庭的正常生活。这样，他就更容易接受你的意见，夫妻之间也不会产生矛盾。

　　这样的事情在生活中经常出现，若不注意，女人就很容易给自己惹来不必要的麻烦。因此，女人要理解丈夫，千万不能胡乱猜测，以至于向他耍脾气。那样丈夫很可能会认为你是在无理取闹，没事找事，结果就会争吵，把平静的日子搅得烦躁不安。

　　生活中，女人也不能表现得过分的体贴，那样只会让丈夫喘不过气来。每个人都需要有自己的一个空间。给丈夫一些时间让他可以自由自在地做他自己的事，那样他只会更爱你。还有的时候，女人只需要把事情做到一半，剩下的留给男人自己来，那样他既可以感受到你的关心又能够表现出自己的能力。比如几个朋友一起到咖啡店去，你默默地为他加牛奶、加方糖，也许你认为这是一种体贴，可是，相当一部分男人不喜欢在众目睽睽之下，接受过于体贴的表现。那样他会觉得你把他当成了一个孩子，好像他什么也不会做了。这个时候，女人只需要若无其事地把牛奶、方糖推到他的面前，他自然会明白。男人很要面子，他更喜欢表现出自己的能力，所以女人千万别老是像照顾孩子一样去照顾他。特别是在公众场合，他会觉得很没面子。

　　而且，在公共的场合中，即使女人很了解男人的心意以及需要，你也得先考虑一下他的自尊心，再采取行动。

　　还有几种场合，女人也得注意给男人留有面子。

　　在男人的兄弟朋友面前。大部分男人都有自己的一帮玩得很好的兄弟或者是朋友，也就是所谓的死党。在这些人面前，男人最注重自己的面子。这些人对他来说也是极为重要的，他会想尽一切办法在兄弟面前保持自己的威严。女人如若不注意，很容易对男人产生致命的伤害，那时，最先危及到的也就是你们的爱情和婚姻。聪明的女人不管怎么反感和讨厌他的这种德性，也不会当众给脸色或者是点破，最多只是回避，哪怕等曲终人散之后你再揪起他的耳朵他都不会往心里去的，因为你没有让他在兄弟面前丢面子。

在男人的父母和家人面前。从心理学的角度上分析，当男人和自己最亲近的父母在一起的时候也是他最需要自尊心的时候。在父母面前女人不给男人面子，就等于背后捅他一刀。这种心情是极为复杂的，与男人的孝心、自卑心和对父母的愧疚感恩有很大关系。因此，聪明的女人会很快意识到：反正自己不是长期和他的父母待在一起，在这个时候我应该尽量对他的父母好一些。这样做不仅是给了自己面子，还能让男人更加爱自己。

在消费买单的时候。当然，这种场合指的是除你们以外的其他人在场的时候。一般来说，很多男人还是在乎这一点的，但具体还得看女人对自己男人的了解程度而定。如果你觉得自己的男人是这样的，哪怕你觉得只是有很小的可能，你都要把这个机会留给男人，让他去买单。从心理上来说，男人希望自己在别人眼里是有能力和责任去照顾你并且给你幸福的，买单只是他需要表现的一个侧面。就算这个时候男人身上没有钱了，那么聪明的女人也会自觉细心地趁人不注意的时候把钱包递给他，让他去买单。假如女人能做到这一点，不管这个男人是不是真的在乎这个，他都会在心里感激你。

在男人很投入地做某件事情的时候。这样的情况有很多，比如当男人在吹牛和喝酒的时候。如果这个时候你上前打断他，他会认为你很不给他面子。因此，在看到男人拼命喝酒哪怕是快要醉了，聪明的女人都不会直接去制止，最多只是让从不喝酒的自己也端起酒杯陪着他喝，那样让他意识到你很在乎他，通过他会照顾从不喝酒的你而间接地让他少喝些。

在这些公众场合，女人做到给男人面子其实也是给自己面子。聪明的女人知道，这样做是为了自己好，是利大于弊的明智之举。当然，女人也不能因为太过于注重男人的面子而成天过得胆战心惊的,除了这些场合,女人适当地霸道一下,更能增加和男人之间的情趣。这里,就需要女人自己好好地把握和领会了。

9. 你要给她的是信任

很多人都说,情人的嘴里没有一句真话。确实,恋爱中的人爱撒谎,只要能达到自己的目的,他能够说出任何你想听的话,但这并不意味着男女之间没有信任可言。如果双方真的相爱,那肯定是建立在信任的基础上。信任加上真爱,两人才能走入婚姻的殿堂。

信任是一种感觉,这种感觉也会随着时间的流逝而变化,可能渐渐不信任,也可能越来越信任。但不管怎么说,要想有美满幸福的婚姻,信任是必不可少的。缺乏了信任,婚姻便存在危机,如果你能及时的和男人沟通,恢复原来的信任,那么你的婚姻才能长久。

李妍是我的大学同学,已经结婚三年了,最近她总是跟我聊和丈夫之间的事情:"一年前我就发现丈夫有异常,其实他一切的表现都没有变化,只是我偶然发现他手机里的短信突然多了起来。"女人对这方面的敏锐程度,简直不能用科学原理来解释,尤其对李妍来说,"其实那些短信并没什么露骨的话,都是些很平常的内容,像'少喝酒'、'保重身体'这样的话。但我就是感觉有些不正常,如果是普通同事,没什么特别的关系,怎么会常给别人发这样的短信呢?我就是从那时候开始暗暗观察他的。接连几个月,也没发现他有什么异常举动,除了单位有应酬都按时回家、出差时每天都往家里打电话,完全是正常的样子。但我不知怎么的就是放心不下,总觉得他有事瞒着我。"

看着她若有所思的样子,我突然觉得女人真的是活的很累,有一点风吹草动就胆战心惊。"我设法弄到他的手机密码，想办法查了他的手机通话记录，结果和我看到的一样，那些短信都来自一个号码。鬼使神差之下，我就出了那个发短信的手机号，是丈夫单位一个年轻女孩儿的。他们不在一个部门，但是工作上经常有往来，因为我以前听丈夫提起过她，说她是个很上进的员工。但是她为什么老是给丈夫发这样的短信呢，我觉得身边像埋了个定时炸弹，不知何时就就会爆炸，这让我寝食难安。"

"我偷偷观察丈夫，发现他没有什么情绪上的变化，看起来完全不像有外遇的样子。也许他们之间真的没什么，是我想多了？我一边安慰自己，一边暗自惭愧。可是，他手机上的短信依然如故，除了关切的问候和叮嘱，没别的。这好像一根刺扎在我的心里。他也从来不向我解释。我天天就这么猜来猜去的，真快把自己折磨死了。不问他吧，又怕真的发生什么事；问他，又害怕他知道我偷查他手机，责怪我对他不信任。这真是让我左右为难。"

又是一个典型的信任危机。其实，婚姻就像一盆花，需要你的精心呵护。你得知道有的时候花瓣会掉到盆的外面，或被别人偷偷摘走。就算是亲密无间的丈夫，也会有不属于你的部分和瞬间，这都是正常的现象，女人必须理解这一点。男人作为一个独立的个体，他更多的部分是你的，并应该为此庆幸，而不是永远执著于失去的那一点。"完完全全的拥有一个人"在现实生活中是不可能存在的，你还像结婚之前的那个标准要求婚后的男人，不得不说有些苛刻了。如果爱人之间失去了起码的信任，关系又如何能进入良性循环呢？何况事实上，即使你运用一切科技手段跟踪他，盘查他，如果他真的想背叛，你也完全阻止不了，反而会让事情变得更糟糕。

如果你想真正地找回对他的信任，首先要做的就是相信自己，不要让自己整天疑神疑鬼的。要有个理智的、自律的心态，不是说爱上这个男人，就应该奉献自己，而是相信自己可以撑住这个家，相信自己可以挽留他的爱，相信能够用自己的智慧经营好婚姻，经营好一个家。对信任而言，时间是种很好的考验方式。"路遥知马力，日久见人心"，如果真的有什么，不用你处心积虑地去打探，他也会自己露出马脚，何苦自己折磨自己呢？男人天性热爱自由，所以女人有必要适当尊重男人的"自留地"。男女双方总能如胶似漆，是最好不过的婚姻境界，但事实上，结婚之后的男人身上有了更多的责任和义务，这个时候他们反而更重视自己的"自留地"。没有"自留地"，他想尽办法也要开辟。比如在家里，有时男人说完认为自己该说的话后，就不大乐意家人整天"缠"着自己，而更愿意"独处"。这时如果做妻子的不理解，认为丈夫不顺着她，甚至无理取闹，就会让男人产生反感，时间长了，就会危及到婚姻的稳定。

除了空间上的自由，男人还喜欢时间、心理空间或是形式上的"自留地"，其实女人何尝不是如此。女人心情不好的时候，可以在里面描红画绿或披头散发，甚至龇牙咧嘴，痛哭流涕，那是女人的领地，最好不要冒犯。将心比心，男人同样需要这样的空间。

信任是男女之间最重要的东西，但它不是永恒不变的。这个世界上所有的东西都在无时无刻地发生着变化，一味地把自己的注意力投入到对下一秒的无限忧虑上，那不是庸人自扰吗？女人不妨把心胸放得开阔一点，理解男人，给男人自己的空间和自由。而男人要做的就是要理解女人，正是因为她爱你，才会希望每时每刻都和你一起。对于女人的"纠缠"，你需要用自己的实际行动让女人知道你真的在乎她，让女人真正地对你放心。

10. 用宽容给真爱一次机会

如果爱人背叛了你，你会做何反应呢？这是任何女人都不想遇到的事情，却是任何女人不得不思考的问题，因为谁也无法预料未来会发生什么事情。假如真的发生了这样的事情，你可能会大吵大闹，也可能想过了断婚姻。但是请先问一下自己的心，你是否还爱着他？如果有爱，那么请宽容地给爱一次机会，因为多年的相守使你对"爱是恒久的忍耐和仁慈"有了更深的理解。丈夫有外遇是所有做妻子的心头最难抚平的痛。不管是真是假，没有哪个女人愿意让自己原本平静的夫妻生活无中生有、无风起浪。但该来的总会来，谁都挡不住。

爱的激情褪色后，彼此的吸引淡漠了，但双方还没有建立起令彼此都十分适应的生活习惯，这时，假如你还像传统女人一样墨守成规，男人确实容易见异思迁，你自己也会因没有主见而发生判断的失误。假如你遇到了类似问题，不要心急，不要悲观，学会静心自我反省，从中找出问题的症结，对于未来的婚姻路，每个问题的解决都会让你俩更加和谐。

女人是一种感性动物，感情非常丰富，一辈子都会如此。然而，两个很相爱的人相守太久彼此间都会变得平淡，所以才有了一句歌词：相爱容易，相守太难。心中虽有千万分爱，无奈一点小事，遂惊一塘波澜，便惹得胸口堵塞、思绪单一，继而泪如雨下。那属于爱情的疼痛在女人身上是如此的鲜明，并顽固不化。常吵常离，反反复复，分分合合，静下心来，唯独不想自己的错处，只觉得他有一万分对不起自己。不如意的事越想越多，再往下，便会想他是如此不体贴人意，最糟的是，忽然间就发现他也许根本不爱自己，每想到这层，哪个女人能不

第四章 >>> 经营婚姻：给爱情一颗淡定的心

伤心？

然而，女人又是可爱的，女人的可爱就在于那份宽容心上。几番劝解、几番温柔之后，破涕为笑时再去想从前伤心时的绝情话，女人自己心中也觉哭笑不得。捶一捶爱人的胸口，娇嗔地望他几眼，一切的委屈便都烟消云散，这便是女人，让人可恨可气又可爱的女人。

生活多平淡，流年恰似水，也许年轻时多折磨多任性，恍恍惚惚便空度几十年光阴，也爱过也伤过，到头来只留下一身的疲倦与伤痕，越来越老时，才渐渐体会到宽容的重要性。而女人若宽容，不妨自欺欺人地说：生活会阳光骤现，风雨不再；女人若宽容，与之相处的男人，也会满心欢喜，顺畅得多。因为宽容，许多烦恼琐事便会不战自败，自动地烟消云散，退一万步说，伤不了自己，便是爱自己最好的方式！

冬冬自认是个非常幸福的女人，有一个非常爱她的先生和温暖的家。然而在婚后的第10个年头里，她却不得不面对一个让她痛心的情况。

一天，冬冬下班后匆匆回家已经是晚上11点多了，门从里面扣住了。用力敲，没声音，再大声叫，好久丈夫才伸出了脑袋，一副刚睡醒的样子。

冬冬一声不吭地在屋子里转了一圈，突然，她猛地拉开了大衣橱，只见一个衣着凌乱的姑娘，惊慌失措地龟缩在那里。

"穿好衣服，到客厅来。"冬冬很平静地说。

丈夫跟着冬冬来到客厅，刚想开口，冬冬就截住他："你不用解释，有你说话的时候，请你先回避一下。"冬冬用犀利的目光看着站在面前的姑娘："你把纽扣系错了。"

姑娘低头看看自己的衣服，果然把第二颗纽扣系到第三个位置上了。她的脸更红了。

冬冬接着问："你叫什么名字？今年多大？"她好像在聊家常。

姑娘遇到一股逼迫力，乖得像面对老师提问一样做了回答。

"你知道你这样的行为是错的吗？当然了，这不能全怪你，但在你这样的年纪，要经得起诱惑啊！你要学会找到属于自己的爱，一个全心全意爱你的男人……"

半个小时的谈话都是在细声细气中进行的，这是一场心灵与心灵的交战，它没有白热化的场面，然而却有令人为之震撼的力量。

"大姐，我错了，我以后一定听你的。"此时姑娘已热泪盈眶了。

冬冬把姑娘送出了门，还为她理了理凌乱的头发。

事后，冬冬原谅了丈夫：她不是妥协，而是经过一番理智的衡量后的决定，冬冬认为，自己还爱丈夫，丈夫也还爱她，他们的婚姻还没有到非分手不可的地步。

很多时候，良好的教养在发生问题时，往往会成为知识女性的阻力。这时一定要设法从教养的束缚中解放出来，告诉自己，教养应该使我获得更好的心理素质，并且成为我解决问题的动力，这样你很快就能放下教养的负重，正视眼下的问题，学会以问题为中心。

面对丈夫的外遇，任何女人都不易冷静。但冷静是你解决问题的第一步，该怎么做呢？

（1）不要在当日处理问题

要设法把问题放在一边，对自己说，我绝不在当日解决问题，这种自我戒律一方面可以转移你的痛苦，另一方面也可以适当地平息你的愤怒情绪。

或许当时你怎么也想象不出，自己怎样才能挨过这一日。但是，只要今天过去，明天到来，你一定能大大地放松，从新的一天发现你意想不到的变化。

(2) 从想象的离异中体验现在

很有可能，他的突然出轨伤透了你的心，使你无论如何也无法再和他共枕，即使在这时也不要轻易和他分居。尽管大家暂时不能同眠，也要待在他的身边，哪怕背过脸去，从想象的离异中体验现在。

想一想，你已经和他分开了，或者以后你每天回家，再也看不到他的存在。也许，这样的场景可以适当平息你的愤怒，让你找回原先的感觉。即使你觉得自己已经变冷，也千万不要过早下结论。俗话说，一日夫妻百日恩。只要你俩还在一起，每一个细小的接触都有可能重新点燃爱的火焰。

(3) 以习惯的方式解脱痛苦

从前遇到痛苦时，你一定有自己习惯的解脱方式。那么，这次还是这样做，只要你能暂时解脱，尽量做自己喜欢做的事。比如，外出、购物、找朋友、听音乐……

你千万不要待在家里苦思冥想。记住，对付痛苦最好的办法就是暂时关闭思想的开关，努力做一个没有思想的快乐人，你就能得到真的快乐。

(4) 想想丈夫的优点，你能否舍弃他

假如你想到他的优点时，发现自己无论怎样都无法舍弃他，你就要遵从自己的内心直觉。仔细想想，金无足赤，人无完人，假如你能确认自己真的爱他，就要拿出实际行动，以便证明你的爱。

(5) 尽量不在当时交谈

往往，谁也不愿在疼痛时去触动伤疤，同样，刚刚受伤的你俩也不要轻易交谈过去的不快。很多时候，夫妻之间需要非语言的爱恋，假如你俩能从行动上重归于好，待伤疤痊愈的一日再彼此交流，所有的痛苦都会变成积极的经验。

大雨过后天更蓝，泪水过后情更真。外遇并非虎狼般可怕，如果你处理得当，不但可以顺利地化解这场危机，而且从另一个层面上来说，你们夫妻间的感情经过这严峻的考验，有可能会更加牢固、更加亲密。

女人学会宽容是需要时间和代价的。一般说来，年轻时多任性计较，但在婚姻中一路走下来，慢慢地就会懂得什么叫无奈了。

当然宽容也不是没有界限的，因为宽容不是妥协，虽然宽容有时需要妥协；宽容不是忍让，虽然宽容有时需要忍让；宽容不是迁就，虽然宽容有时需要迁就。但宽容更多的是爱，在相爱中，爱人应该是我们的一部分，是爱的一部分，在这个前提下，甚至于婚姻中的错误有时也会成为一种营养，它的意义不是教会我们如何谴责，而是教会我们如何避免。

懂得宽容的女人是聪明的女人，她们知道生活中总有波折的，咄咄逼人只会两败俱伤，只有小事不计较，大事又宽容，生活才会幸福而平静。

第五章
回归家庭：用真心回馈家人的爱

人生在世，和我们关系最为密切的莫过于我们的家人了。父母给了我们生命，教会我们为人处世的道理，伴侣陪伴我们度过人生的风风雨雨，孩子则成为我们生命的寄托，他们是我们生命中最重要的人。但是，很多人总是忙碌于自己的工作，以为给家人物质上的满足就足够了。而实际上，家人更需要的是你的真心关爱。

1. 把工作关在家门之外

对许多人来说,在工作繁忙时,把部分工作带回家去做是司空见惯的事,然而这实在不是一个好习惯。一天的紧张后,你需要的是放松,而不是持续的疲劳轰炸,而且这样做对你的妻子儿女也不公平。

不把工作带进家,意味着你不把工作的烦恼带回家,这样可以使家庭生活和谐快乐,也可以让自己的身心彻底放松,反过来会更加有力地推动事业发展。一项调查表明,在当今社会,25%~40%的人认为工作压力太大,有56%的人其配偶因此跟着倒霉。心理学家认为,压力是一种极具传染性的东西,除非采取措施,否则它不仅会损害健康,还可能会破坏婚姻生活。

配偶某些工作状况的变化,如在工作中的职责变化——升迁、降级、责任增大——一般会在心理上给另一方造成深刻影响,加重另一方的压力。而且就大多数时候来说,另一方的处境更不容易,因为她只能在一旁干着急。如果协调不好,夫妻之间终会有对抗的一天,你的另一半也许会更埋怨你没有把家放在首位。

如今社会节奏快,家庭里的每个成员为了给自己的生活多一分保障,都把时间花在进修或工作上,所以跟家人相处的时间就减少了。在这种情况下,每个家庭成员更要积极争取与家人相处的时间。你必须认清一点:"有没有钱并不能衡量你是不是成功的人,你要量力而为,不能因为别人有大洋房住你也要住。因为洋房里的温暖,不是由里面的那些砖块拼成的,而是由家庭成员去共同营造的。"

生活中的确有苦恼,我们也可以向家人诉说,但不能把苦恼全部转移到家人的身上。要知道,家是你温暖可靠的后方,我们应该用心呵护它。当你工作了一天，打开家门的时候，就应该把工作中的不快乐拒之门外，带一份好心情回家。

不把工作带进家，意味着你可以在家庭的温暖中使自己得到充分的放松，以更昂扬的姿态投入明天的奋斗。人生幸福的大部分内容是家的温暖，有一个幸福的家，我们的人生就可以如天上的那轮明月圆满而无憾。

年轻时我们并不看重家，那时我们个个怀有凌云壮志，如老师、父母所期望的那样，当科学家、作家，如果那时有人觉得下班后和妻子手牵着手去买菜是人生的乐趣，我们必会笑他平庸甚至庸俗。

当岁月的风霜使我们的脸庞布满沧桑，当世事的艰难使40岁的我们的眼神不再清澈，当人生的坎坷使我们的内心千疮百孔，当我们闯荡世界疲惫归来却依旧背着空空的行囊，我们终于明白了一个再简单不过的道理：事业辉煌仅靠聪明努力远远不够，它需要天时、地利、人和以及命运的垂青。只有极少数人才能事业成功，甚至能做一份自己喜爱的工作的人都不是很多；绝大多数人，不过是为了谋生做着一份自己并不喜欢的工作，而我们能拥有的仅仅是身边的这个家。不管俊的丑的，不管得意或失意，不管是君子还是小人，生活给我们最大的平等和恩赐是：每个人都拥有一个家，而我们能得到的人生幸福，实际上绝大部分来自我们的家。

家是能让我们得到放松的场所，是让我们休憩的港湾，能免除我们孤独的是家；在喧哗的尘世，能给我们片刻安宁的是家；在纷扰的争斗中，能为我们疗伤的还是家。

是的，有一个幸福的家，我们的人生就有了80%的幸福；有了一个幸福的家，工作的烦恼就可以忍受，因为我们的忍气吞声和辛苦劳累都有了价值——要赚钱养家使我们所爱的人丰衣足食；有了一个幸福的家，凄风苦雨我们都不再害怕，因为只要奔回家，只要打开家门，就有了温暖和宁静……

心理学家们发现，近年来，中年男人的心理危机越来越多。这些有成就的人，对自己往往有着比一般人更高更完美的要求标准。同时，他们又处于一种竞争激烈的环境之中，故他们一旦遇到某种挫折，就意味着对自己那种"高标准、严要求"目标的否定。而此时所处的高位使他们难以找到可以倾诉和求援的知心朋友，负面情绪难以排解，因而事业上取得成就的中年男人，更容易发生心理危机，在工作上、事业上铸成严重错误或给幸福的家庭带来不幸。在这个时候，家庭的放松作用就更加明显地显示出来了。因此，切记不要把工作带进家门！

2. 女人要平衡好家庭和事业

当女人拥有了自己的家庭和事业之后，她们就常常要面对一个两难的局面：重视事业还是家庭。有些女人形容这种情况是"蜡烛两头燃"，夸张吗？并不！

黄女士是一个在外人看来非常成功的女人，她本人是一个知名的室内设计师，丈夫是某集团公司的总经理，夫妻伉俪情深，膝下还有一个7岁的聪明可爱的女儿，然而黄女士说"家家有本难念的经"，她正被家庭与事业的选择所困扰着。不久前，正在与客户谈判的黄女士接到保姆打来的电话：孩子发烧了，让她回家。虽然心急如焚，但她又怎能丢下好不容易争取来的大客户呢！那晚回家后，一向体贴的丈夫发火了："这女人啊！就不能让她做事，一做事就连轻重都找不准了！"黄女士哭了，难道是自己做错了吗？

其实今天的女性早已经认识到了，要想被这个社会承认就必须要和男人一样拼命地工作,全身心地投入。因为女人知道许多男人一直没把女人放在眼里——虽然他们也时常嘴上喊着尊重女性。女人必须用自己的工作成绩证明给男人看,女人在工作上并不比他们差,女人必须和男人一样在社会上为自己争得一席之地,这对肯于付出辛勤劳动的女人来说并不是件难事。女人要用事实证明女人和男人一样可以挣钱养家糊口,女人不能为了一口饭而忍气吞声。然而,绝大多数的女人却要为此承受着巨大的精神压力,女人在实际工作中遇到的阻力和困难要比男人多得多,得到的却要比男人少得多。可以说很多时候,女人与男人显然是处在一个不公平的竞争环境里,整个社会对女性的要求总是比对男人更苛刻,今日的许多女性仍然处在这样的选择之中。家庭作为生存单位作用于两性职业发展过程中,成为女性职业发展道路上的温柔陷阱。掉进这个陷阱的女性,有的本身非常优秀,但当选择回归家庭时,她会这样很自豪地安慰自己:"我有过成功的事业,我同样也能当主妇,我什么都能干。"但这并不是完美的女人,完美的女人一定能兼顾事业和家庭。

如今众多成功的商界女性,都说明女性在商界的兴起已经是明显的趋势,但阻碍商界女性走上权力塔尖的往往是家庭。一年前,美国一项调查要求3000个33岁至40岁的女性提出女性进步的最大障碍,73%的女性认为是个人和家庭责任。

现在,家庭负担对女性事业的障碍似乎可以通过颠倒与丈夫在家里的位置而彻底解决。虽然观念已经转变,但在家庭这个领域会有根本性的变化吗?情况恐怕不乐观。某杂志认为,"家庭主男"现象的发展可能到此为止了。大规模的妻子上班、丈夫居家的生活方式可能永远不会到来。传统的习俗和观念就是这样根深蒂固。我们已经习惯——待在厨房穿着围裙的那个就是妈妈,穿着笔挺西装去上班的那个就是爸爸。

尽管面对如此多的障碍,作为女人还是要坚信"工作也是女人的天职",即使是在大男子主义依然盛行的今天。女人应该有自己的工作和相对独立的生活空间,记住:幸福是自己创造的,而不是别人赐予的。有一个建议是,女人要懂得如何获得家人的理解,让你的丈夫认识到你正在为家中所有人的生活打拼,你的成功是全家人的光荣。当然你也不要忘记家庭是人生的堡垒,只有后顾无忧,才能精力充沛地投入工作,所以也不要忽略了你的家庭建设,多给家人一点关爱!

3. 百善孝为先,家和万事兴

中国有句老话,叫做:"百善孝为先"。大意应该是:如果你想做个好人,那首先应该做到的是孝敬父母,尊重家人。"家和万事兴","家和"是"万事兴"的前提与保证。只有"家和",才有整个家庭的幸福安康,也只有"家和",才有整个国家的兴旺与安定。

传说有个民间故事,说的是在很久很久以前,有一个国王非常嫌弃老人。他向全国发布了一道非常野蛮的命令:但凡父母到了60岁,就得由他们的儿孙们送到一座大山的悬崖上去抛掉,否则将处以重刑。

有一个60岁的老人,被儿孙们用箩筐抬着往深山悬崖走去。途中他们经过一座黑黑的大森林。这时,一个劲儿地用手折断路旁的树枝。孙子问道:"爷爷,您不是要被扔到悬崖下面回不来了吗?干吗还弄断树枝做记号啊?"爷爷回答说:"傻孩子,我就要被扔下山崖回不来了。我折断这些树枝是为你们做记号呀,为的是让你们回家时不会迷路。"

儿孙们听了不禁放声大哭,他们悲痛地说:"我们怎么能忍心把您抛下山崖呢?"于是,他们又把老人抬了回来,偷偷地藏在地窖里奉养着。

后来，老人运用人生丰富的经验和智慧战胜了邪恶，帮助了国家也拯救了国王，而且不仅拯救了国王的身，更重要的是使国王那颗残酷的心得到了净化，使他终于认识到不仅不能遗弃老人，而且应该加倍地尊重老人。

其实，那个愚蠢而又毫无善心的国王，为什么就没有想到自己也有60岁的时候？到时他该怎么办呢？

社会的发展与变化使"孝"的含义产生了巨大的变化，现代意义上的"孝"，已经不再是传统中的茶足饭饱与衣食无忧，它更多的应该体现在对于父母及老人在精神领域的关怀与照顾，更多的是满足老人对于天伦之乐的追求与向往。有一首歌唱的好，"找点空闲，找点时间，领着孩子，常回家看看……"其实，现代的"孝"，应该更为简单，它在更多的时候仅仅只体现在工作之余对老人孤独心理的些许承担，或者，仅仅只是与父母一道吃一次精心准备的晚餐。时代在变，而老人对于儿女的那份担心与爱恋却不会变；生活在变，但"儿行千里母担忧"的道理却不会变。所以，我们的"孝"，在现代社会，就是让为人父母的知道，有了儿女，他们便不再孤单；有了父母的牵挂，做儿女的会永远平安。

父母与儿女，永远不会生活在同一个时代；父母与儿女，永远都会有思想上的代沟存在。我们可能永远都无法理解父母对我们的那份"多余的担忧"，就如同我们永远也无法理解我们的儿女对我们的那份永远的"反叛"。但是，这其实并不应该成为我们与父母沟通的障碍，也不应该成为我们为"孝"的负担。人与人之间，只有沟通，才能理解彼此的思想，也只有沟通，才能化解矛盾，和谐共处。与旁人尚且如此，与我们的父母是不是更应该敞开彼此的心灵呢？

尊重别人，孝敬父母，与展现自我和张扬个性，本不应该是一对无法化解的矛盾。"兼听则明,偏听则暗",多去听听别人(包括我们自己父母)的意见与建议,对我们很有好处。再则,为人父母者,对于儿女,大概永远都只会为其好,不愿助其坏吧?

无论社会如何发展,无论时代如何变化。尊重别人,孝敬父母,永远都不应该成为落后于时代的思想,成为不符合现实的古董,而应该永远成为我们所遵循的最基本的道德准则。"孝"是营造和谐家庭的法宝,只有我们与父母的关系融洽了,只有我们的家庭关系和睦了,我们的整个社会才能够走向和谐,走向稳定,我们的国家才能不断地走向繁荣。

4. 母爱值得我们终生仰望

马克·吐温曾说过一句话:"就是在我们母亲的膝上,我们就获得了我们的最高尚、最真诚和最远大的理想,但是里面很少有任何金钱。"的确,母爱是独特的,是母爱呵护着人们生命中的那一点点光!而那一点点不曾被扑灭的光,总有一天会洒成满天的星星,照亮这个世界。

也许,这个世界并不完美,但母爱是完美的。母爱没有具体的内容,不同的母爱方式却有着一个共同的情怀——无私奉献全部。

记得有一则新闻,说是某一地区的大楼突然失火,很快,大火吞噬了整座大楼。一位母亲为了不使自己的小女儿受伤,用身体掩护着她穿过熊熊烈火向外奔跑,终于把女儿救了出来。

后来,经过事故专家测定,从这位母亲的家里跑到火场外面而不致母女二人被烧伤,竟然需要一步跨出三米的距离。这位普通母亲的步幅竟然快赶上专业运动员了。

第五章 >>> 回归家庭：用真心回馈家人的爱

母爱的力量足以创造奇迹。人如此，动物亦然。

有一次猎人围猎时，有一只母猴怀里抱着一只小猴拼命地跑，在跑的过程中，又顺手揪起了一只小猴驮到背上一起跑。这时有两位老猎人追了过来，一直追到了悬崖边一棵大树上，好像猴子再也没处跑了。这时，两位猎人举起了枪，就在要开枪的一刹那，那只母猴的手向前一伸，竟做出了一个像"暂停"一样的手势，两位猎人很疑惑，就停了下来。

这时，只见母猴把两只小猴抱到了怀里，给它们喂奶。可能小猴不是太饿，吃了一会儿就不吃了，跑到一边玩去了。然后这只母猴就摘下树叶，把剩的奶水往树叶上挤，再把树叶一片片放在离小猴较近的地方。等把奶水挤干了，母猴对着两位猎人，身体向前一躬，双手捂住了脸，意思是"开枪吧"。这时，两位猎人的枪再也举不起来了，因为他们要射杀的不仅仅是一只动物，而是一位伟大的母亲！

两位猎人在母爱面前低了头。人世间因为有了母爱而变得更加丰富多彩。沧海桑田，世事变迁，唯有母爱能赐予人们神奇的力量，而且母爱的光辉将永恒不变。

那是在一次大地震中，有一位母亲在坍塌的废墟中，用自己纤弱的双臂支撑出了一片安全的小空间，里面安详地躺着她熟睡的小女儿。当救援人员发现她俩时，由于缺少大型的挖掘机械，那位母亲身上巨大的石块暂时还没有办法搬运。于是，在救援人员的鼓励下，这位伟大的母亲又继续用双臂苦苦支撑，整整坚持了两昼夜，直到救援人员顺利地将她们救出为止。在这位母亲被送到医院进行救治时，她的双手一直僵硬得无法动弹。第二天，各大报纸上都相继刊登了这位母亲用手臂护犊的照片，照片的标题是《这就是母爱》。

是什么巨大的精神力量支持着这位母亲用自己孱弱的身体在千斤重压下，苦苦支撑数日？只有一种答案，那就是母爱。是的，在最危急的时刻，每一位母亲心中都会升腾起一股无穷的力量，支撑她、帮助她去克服一切艰难险阻，创造一个又一个人间神话！这便是母爱最伟大的付出！母爱是一种神奇的力量，它能制造出一种超越自身极限的能量，创造出一种让死神也敬畏的生存奇迹。

母爱是人们心中的珠穆朗玛峰，让人们终生仰望。感天动地的母爱，浴火重生的母爱，创造奇迹的母爱，光芒万丈的母爱，就像天空中最绚丽的彩虹。

每个人的成长都离不开母爱，是母爱成就了伟人的惊人之举，赋予了艺术家奇妙的灵感，启迪了科学家敏锐的智慧，也丰富了每个人内心的情感。同时，母爱也是这世界上最默默无闻、不求回报的付出，不管自己受多少苦，也无论自己遭遇了什么，她们还是一如既往地坚持付出。那么，作为儿女的我们是不是也应该回报母亲这份深沉的爱呢？

5. 别忘记父爱给予我们的

父爱，总是无言，因为父亲总是不会像母亲一样，絮叨着要我们吃好穿暖，父亲也很少与我们坐下来谈些家长里短，父亲似乎总是很严肃，很沉默，让我们小小的心灵曾畏惧和抱怨。然而，父亲却总是在无言中为我们树立了一个光辉的榜样，就算我们会一天天长大，就算父亲会慢慢地变老，可是他的身上却有一种精神值得我们永远去学习，那是一种繁华过后的沉淀，一种历经沧桑的睿智，一种洞明世事的豁达，一种磨难过后的坚韧……

世界上的第一个父亲节，1910 年诞生在美国。1909 年，住在美国

第五章 >>> 回归家庭：用真心回馈家人的爱

华盛顿州士波肯市的杜德夫人，当她参加完教会举办的母亲节日崇拜之后，杜德夫人的心里有了很深的感触，她心里想着："为什么这个世界没有一个纪念父亲的节日呢？"杜德夫人的母亲在她13岁那一年去世，遗留下6个子女。杜德夫人排行老二，是家里唯一的女孩，女性的细心特质，让她更能体会父亲的辛劳；斯马特先生白天辛劳地工作，晚上回家还要照料家务与每一个孩子的生活。经过几十年的辛苦，儿女们终于长大成人，当子女们盼望能让斯马特先生好好安享晚年之际，斯马特先生却因为经年累月的过度劳累而病倒辞世。杜德夫人将她的感受告诉教会的瑞马士牧师，她希望能有一个特别的日子，向伟大的斯马特先生致敬，并能以此纪念全天下伟大的父亲。瑞马士牧师听了斯马特先生的故事后，深深地为斯马特先生的精神与爱心所感动，他赞许且支持杜德夫人想推动"父亲节"的努力。于是杜德夫人在1910年春天开始推动成立父亲节的运动，不久得到各教会组织的支持。她随即写信向市长与州政府表达自己的想法与提议，在杜德夫人的奔走努力下，士波肯市市长与华盛顿州州长公开表示赞成，于是美国华盛顿州便在1910年6月19日举行了全世界的第一次父亲节聚会。1924年，美国总统柯立芝支持父亲节成为全美国的节日；1966年，美国总统詹森宣布当年6月第三个星期日，也就是斯马特先生的生日为美国父亲节；1972年，美国总统尼克松签署正式文件，将每年的6月第三个星期日，订为全美国的父亲节，并成为美国永久性的国定纪念日。

胡文虎是一个子承父业、一生中都在向父亲学习的典范。胡文虎祖籍福建永安县，1882年出生于缅甸仰光。他的父亲胡子钦精通"岐黄之术"，开设了"永安堂"药行，主要经营药材业务。胡子钦逝世后，没过多久，胡文虎将店里所有的现款共几千缅币全部兑成港币，带到香港。许多胡子钦先生生前的亲朋好友都认为胡文虎在父亲死后，无人管束，携款到香港花天酒地去了。

然而，胡文虎去香港却是为了继承父亲的事业。父亲在仰光开的药材店，几乎所有的药材均由香港进货，然后再从仰光汇钱付款。胡文虎想到以前同父亲做生意的香港老板，必然对自己的还账信用有所怀疑，因此他专程到香港替父亲偿还全部欠款。

胡文虎的这一举动，首先使从前向他父亲出售药材的老板喜出望外，继而深感钦佩，对胡文虎另眼相看，从而极大地提高了永安堂的信誉。胡文虎此行来香港，不仅未付款就带着大批药材回仰光，而且从此以后，凡永安堂开来货单，香港所有的药材行无不尽快如约交货发运。

胡文虎创业伊始就把信誉作为本钱放在首位，继承父志，坚守做人做事原则底线，显示了他的雄韬大略。信誉为他的成功奠定了基础。

父母是我们人生中的第一位老师，所以父亲的教导奠定了我们做人的根本与成长的基础，每一位父亲都是值得儿女们一生去学习的，他的志向也需要我们坚定不移地去继承和发扬。不论父亲的相貌、学历、经济、地位如何，他永远是我们可敬可爱的学习榜样。

走近父亲，才发现父亲原来是一座山，层峦叠嶂，只有随步换景方能窥见其妙绝景致，只有深入其中才能洞悉其博大高远；走近父亲，才发现他的爱是一枚橄榄果，要用时间来慢慢咀嚼。解读父亲这部书，需要有命运的沧桑、生活的积淀！向父亲学习，我们就不会迷失太远！

6. 你是否记得父母的生日

所有的父母都能够记住子女的年龄，是否所有的孩子都能够记住父母的年龄呢？就算能够勉强记住父母的年龄，又有多少人能够记得住父母的生日呢？

曾经看到某调查机构对100名40岁以下的中青年人进行了一个对家庭成员生日、年龄记忆的测试，调查结果显示，100人中有57人不知道父母生日，74人不知父母的具体年龄。可是，当问及孩子和爱人的生日及年龄时，几乎全都迅速、准确地回答出来。

尊老敬老是中华民族的优良传统，在新的历史时期弘扬这一优良传统，有利于提高现代文明的水平，构建和谐社会。让老人在寿宴、寿礼和欢笑中感受浓郁的亲情，这无疑是一种生动的敬老。作为子女，记住老人的生日是对父爱、母爱的一种回报，更是尊老敬老的具体表现。物质赡养和精神赡养构成了"孝"的内涵，这两者是密不可分的，而精神赡养有时比物质赡养更重要，为老人过一个热热闹闹的生日则是这两者相互结合的生动体现。

记住孩子和爱人的生日无可厚非，也是亲情使然。然而，多达57%的人忘记了父母的生日，这是应该引起年轻人深思的。

生日，是一个人的生命痕迹，是人生的阶段性印记。祝贺生日这一形式，有着丰富的人文色彩，体现着人性关怀的色彩。少年儿童的生日是成长的欣喜，犹如破土而出的幼苗生机勃勃；青年人的生日是激情的迸发，犹如美丽的花朵绽放着青春和浪漫；中年人的生日是拼搏的颂歌，犹如莽莽的森林般深沉和厚重；而老人的生日是生活的恋歌，犹如辉煌的落日，在炫目的金色中浸润着淡泊宁静和依依不舍的忧愁。老年人已进入人生的"丧失期"，过一年就少一年，因而为他们过生日就弥足珍贵。于是，我们更有理由记住老人的生日，因为这意味着记住了自己的责任、爱心和孝心，更记住了人类文明的真谛。

在一个电视节目里，记者采访路人否记得父母的出生年月日，多数人都答不出来。在记者采访一个老人的时候，问他儿女给他过生日不，他说不，从来没有过，在他老伴活着的时候，老伴记得，但是，现在……孤苦伶仃的一个老人过着伤心的日子。

作为父母，都记得自己的孩子的生日，可是当问到是否记得自己父母的生日时，很多人却都无言了。

有些老人为自己的孩子辩解，说他们都忙，过不过生日不要紧的。

还有一对母女，记者先让母亲把自己的生日偷偷告诉记者，再问她的女儿，可是女儿的回答却跟母亲说的不一样。打电话问他的父亲，他父亲竟然一下子说出了女儿的生日。

这一幕幕都让我们惭愧和寒心。老年人的生日不但是人生年轮的记号，而且还是他们健在的一种庆幸，更是一种幸福的标志。我们没有理由去淡忘它。记住老人的生日是对父爱、母爱的一种回报，更是养老敬老的美德；记住老人的生日和一份老人喜爱的礼物，带孩子陪伴老人拉拉家常，哪怕是打上一个充满温馨问候的电话，对老人也是一种无比的慰藉。记住老人的生日，送上亲情，送上温馨，这是年轻人应该做的事。

每当我们过生日时，父母都会买来我们喜爱的礼物或做一顿丰盛的饭菜为我们祝贺，生日对于一个人来说是非常重要的，因为它记录着我们在那一天来到了这个丰富多彩的世界上，它是我们生命的第一天，是人生的开始。父母也不例外，他们也有自己的人生，他们的生日也一样需要纪念。

人是社会关系的总和。我们的一举一动、一呼一吸，都离不开社会环境；我们的成长进步、事业成功，都离不开别人的帮助和提携；从父母的养育之恩到安全稳定的社会环境，所有这一切，我们都应当铭记在心，感念不忘。正如孟郊《游子吟》里所云："谁言寸草心，报得三春晖。"

然而有一则报道说，记者在某中学一个班中询问是否记得父母的生日时，多数学生的回答让人失望。要么不记得，要么只记得大概，或者从来没有给爸爸妈妈过生日。能够确切地记得父母的生日,并在当天表示祝福的只有四五名。这种情况会让多少为人父母者感到伤心的。

要有感恩之心是做人的起码道德。我认为,人要学会感恩,首先从记住父母的生日开始,一个连父母的养育之恩都不感激的人,怎么会去感恩别人?一个不关爱父母的人,又怎么能奢望他去关心国家和社会?

养儿方知父母恩,有了孩子以后,我们才会知道父母的艰辛,是他们给了我们这样美丽的生命。饮水思源,我们的父母慢慢消耗了他们的青春和生命来圆润我们的青春和生命。也许他们并不要什么回报,小小的言语上的关心就会让他们很感动,我们可以做到,为什么要对自己的亲人吝啬那样的关怀?这样的恩情难道不是比天高、比海还深的吗?

"自己的生日便是母亲的受难日",所以记住自己的生日是为了记住母亲的恩情。我们从小在父母宽厚的羽翼包容下成长,他们给了我们无私的、无尽的爱。记住世上最爱你的人是父母,在你受伤的时候,在你疲惫的时候,在你犯错的时候,父母会给你无尽的怜惜和包容。

请你记住父母的生日吧,记住他们的爱。别再对那些重要的日子无动于衷,你的无所谓是对父母恩情的极大漠视。

7. 及时回报那份深沉的爱

母亲是佛,但她没有怜悯,没有施舍,甚至不求一束香火,不需一次祈祷,只是燃烧自己的生命,也愿给孩子一个春日的心情。

几年前初冬的一天,我随一单位去慰问一户困难家庭。去前听说那户人家有一位老母亲和一位残疾的儿子,便想象着那个被不幸摧残的家庭会是怎样一种杂乱沉闷、令人怜悯的景象。

当女主人的身影出现在我们面前时，我不觉有些暗自惊讶。她面容清癯，却精神矍铄；衣着俭朴，却干净整洁；就连满头的华发也梳理得一丝不乱。进了屋，更令我吃惊不已。屋里的陈设很简陋，但窗明几净，不见丝毫微尘；水泥地面光洁如镜。见到女主人的儿子时，我感到的已经是心灵的震颤。她的儿子是一位年近五旬的中年人，他相貌有些丑陋，身高只有一米多点儿；他面容清瘦，可能是很少出屋的原因，脸色青灰中透着苍白。但他的脸上同样洋溢着一种善良的明快。使我感到意外的是室内悬挂的几幅工笔画，竟出自那位身有残疾的儿子之手。那画颇有功力，绝非信笔涂来。即使常人没有一二十年的磨炼也很难达到那种水准。他所画的仕女图，形象清丽端庄，色彩鲜艳明快，背景多不设色，一片洁白，让人感受出作者对生活的向往和热爱，以及对自身处境平和的心态。母亲介绍说，她的儿子从小就喜欢画画，没有人教，便自己学。现在倒是常有人上门求画，附近的部队举行军民共建联欢会，也常常请她儿子去现场做画呢。母亲讲述时，眼睛中放出兴奋的亮光，很为儿子自豪。

春天给了生命盎然的生机，母亲给了孩子暖洋洋的春天。她没有怜悯，没有施舍，甚至不求一束香火，不需一次祈祷。母亲只是敞开宽大的胸怀，孩子走遍天涯，都能感受到她的关爱；只是用温暖的手牵着孩子，领他从生命的寒夜走到灿烂的阳光下；只是燃烧自己的生命，也要给孩子一个春日的心情。世上有些东西可以弥补，有些东西永无弥补。孝是一失足成千古恨的往事，孝是生命交接处的链条，一旦断裂，永无连接。

一个人要去远方拜菩萨为师。路上遇到一位禅师，禅师对他说：与其拜菩萨，不如拜佛。禅师并告诉他：当你回到家，看到有个人披着毯子，反穿着鞋来迎接你，那就是佛。那人遵照禅师的嘱咐回到家，已是深夜时分。他的母亲听到儿子的呼喊,立刻兴奋地跑来开门。匆忙中母亲没来得及穿衣服,只披了条毯子,拖鞋也穿错了。见到冲出门来的母亲,儿子顿时大彻大悟。

相信每一个赤诚忠厚的孩子,都曾在心底向父母许下孝的宏愿,相信来日方长,相信水到渠成,相信自己必有功成名就衣锦还乡的那一天,可以从容尽孝。

可惜人们忘了,忘了时间的残酷,忘了人生的短暂,忘了世上有永远无法报答的恩情,忘了生命本身有不堪一击的脆弱。

如果有一天你发觉父母真的已经老了,器官已经退化到需要别人照料了。如果你不能照料,请替他们找人照料,并请你要常常探望,不要让他们觉得被遗忘了。每个人都会老,父母比我们先老,我们要用角色互换的心情去照料他们,才会有耐心、不会有怨言。当父母不能照顾自己的时候,为子女的要警觉,他们可能会很多事都做不好,为人子女的只能帮他清理,并请维持他们的"自尊心"。当我们在享受食物的时候,请替他们准备一份大小适当、容易咀嚼的一小碗,他们不爱吃可能是因为牙齿咬不动了。从我们出生开始,喂奶换尿布、生病时不眠不休照料、教我们生活基本能力、供给读书、吃喝玩乐和补习,关心和行动永远都不停歇。如果有一天,他们真的动不了了,角色互换不也是应该的吗?为人子女者要切记,看父母的现在就是看自己的未来,孝顺要及时。

8. 别在亲情上计较对错

让我们孝顺父母,可能很多人都能够做到,但是要我们在父母不对的时候仍然恭敬相劝,不违抗父母的命令,乃至绝对服从,相信一般人就很难做到了。很多时候，我们和父母对同一问题的理解会出现差异，父母的生活习惯与我们不同步时，我们会看不顺眼，觉得别扭，会要求父母应该这样不应该那样，于是矛盾产生了，代沟也就产生了。这是我们每个人生活中常常需要面对的一个难题。

形成代沟的原因有很多，除了子女与父母的各自成长、生活以及工作背景与环境不同外，还有更深层次的原因，这就是每个人对待事物的方法不同。许多人习惯用对错是非来区分事物，给事物下定论，而不习惯以理解的方式来包容差异。他们往往认为世上凡事都有一个是非对错。因此人们对事物的判断与选择也只能是唯一的。殊不知，这种唯一式的真理观在自然科学领域或许可以成立，但在具体生活中是根本不成立的，就像一位演员曾经说过："家，不是讲道理的地方，家是一个需要付出爱和收获爱的地方。"

由于个人眼光不同，对待同样事物的结果和效果也会因人而异。科学要求还原事物的真实形象，强调事物自身的客观性。但人类生活恰恰需要体现人的丰富个性，强调人的自我主观色彩。因此在每个人的眼里，世界都是不同的，意识中的世界也随着人生阅历不断变化。理解了这一点，那么我们再去面对生活中的争论与矛盾时，就会发现解决争议的关键在于学会如何理解别人的想法，设身处地地站在对方的角度上去考虑问题，而不是以自我为中心，固执己见。因为生活中的真理并不是唯一的，所谓争议往往只是各执己见，最终没有结果，两败俱伤。所以，在家庭中永远不要争论谁对谁错，谁是谁非，因为没有结果，就算赢了争论，却输了亲情，多么得不偿失！

了解了这一层含义，我们也就会明白孔子上面所讲的话的深意了，也就会明白如何去处理家庭生活中与父母的沟通问题。

生活中，我们常会和父母意见不一致。孔子认为当我们与父母意见相左时，可以陈述自己的见解，但不要固执己见。因为现实生活中的选择往往是一种多向选择，每个人都可以有着自己的一种理解方式，所以不必强求。更重要的问题还在于我们能够在多大的程度上去包容和理解别人。只有我们真诚地理解了别人，也才会实现自己的价值，我们理解别人的程度将决定着我们自身世界的大小，这也是提高自我修养的必要手段。

就孝顺父母而言，意见本身不同不要紧，如何去理解父母的心意才是最重要的。父母对我们有养育之恩，我们理应无条件地去包容和理解他们。理解父母的想法其实比纠正他们的行为更重要。我们大可不必笑话他们如何老套、如何落伍、如何不合时宜。因为将来的某一天，我们也会面临如此的境地。我们所需要反思的是我们是否能够真诚地去理解父母的世界，而不是去强行地改造他们的世界，更何况人生的真理并不是只有一种选择。这才是尊敬和孝敬父母的基础啊！

作为为人之本，孝贯穿于人类生活的始末，而理解与宽容则是尽孝的一贯精神。一个不能理解父母，只知固执己见的人是难以真正对父母尽孝的。因为他和父母生活在两个相互隔绝的心灵世界中，这是很尴尬、很悲哀的一件事。而要想真正理解父母还在于善于接受父母的意见，实现他们的心愿。因为，孝的根本就在于愉悦父母，而我们在父母身心愉悦的过程中，自己也获得了一种人生价值的实现和心灵的满足。所以孔子讲"又敬不违，劳而不怨"。所谓孝的意义也由此得以体现出来。

由此我们也可以发现，家庭中的许多争吵以及由此带来的成员之间的冷漠，都是由缺乏相互间的理解和包容、过于固执所造成的，其最终结果必然是相互伤害。所以孝敬父母一定要走进父母的内心世界，学会理解他们的想法。

父母内心也有许多的害怕和恐惧，他们自己也有太多的需求没能够得到满足，内心也可能是处于痛苦之中。他们还要为了生存，为了给孩子提供一个更好的生活和生存环境而奋斗,并且可能在孩子面前故做坚强,默默地承受人生的一切挫折和苦难,却还在孩子面前笑对人生。

父母是给予我们生命的人,是我们一生都要感恩的人。顺应父母的生活习惯,也是一种爱和宽容。父母年纪大了,有些生活习惯虽然不好,但他们喜欢,做儿女的顺应也是对父母的孝敬。反思自己,在这方面顺应得不好,那就是不孝、不宽容,知道自己错了,就要坚决地改正。天下父母本无所谓对错,只要理解和宽容,才是真正的孝顺。

9. 孩子需要你的尊重和理解

家长在教育孩子时往往容易过于专制,这可能与父母对他们的教育方法有关。然而,为了教子成才,你必须放弃粗暴的教育方法,只有尊重才能教出好孩子。

一个12岁的孩子在一篇作文中写道:

爸爸,我对您说:

爸爸,亲爱的爸爸,我满眼噙着泪水对您说:您对我太严厉了。

那天,马娟娟来找我去锻炼身体,您却把脸一沉:"快考试了,还锻炼什么身体?复习功课去!"那时,我多么想向您解释,现在体育不及格,也不能毕业呀!再说,光要我整天拼命地复习功课,累出病来不得耽误更多的课吗?可是,一看爸爸您那副严厉的面孔,我只好把想说的话又咽回肚子里去。回到屋里,我心不在焉地打开课本。其实,我根本看不进去。那时,我多想对您说:爸爸,我想歇一会儿,我想……可是,我不敢说,因为您对我太严厉了,我怕……

多么可悲!一位父亲专制地对待孩子,不尊重孩子正当的要求,使家庭中缺少友善、平等的气氛，父子心灵间垒起了一层厚厚的障壁。

其实，专制教育未必有效果，孩子表面顺从，但极可能阳奉阴违，因为孩子心中根本不服。

孩子是一个热切的探险者，有太多事情尚待学习。在许多事情上，你和他或许都会有不同的看法，不过，经验会使你发现如何去处理那些争论、激愤、失望和快乐，而你将会觉得，这一切都是有代价的。

父母对孩子的尊重，不仅要友善地对待孩子，还要培养孩子在家里可以自由发表意见的习惯。在民主自由气氛浓厚的家庭，孩子可以按照自己的意愿去做事，可以随时抒发他对家庭或家人的感受，包括说出不喜欢父母的话。例如："我讨厌爸爸，他上星期日就不肯起床和我们一起到公园去玩。"

让孩子说出心中的感受，透过或大或小的冲突与对立，使其学会如何面对未来的种种困难与挑战。虽然，孩子有时可能会带给父亲（母亲）或多或少的麻烦，但父亲（母亲）仍应做出最大的忍耐与宽容，听听孩子的解释或理由。如果是无法做到的，可以向孩子说出原因和困难所在。假若可以办得到，在可能范围内，也需要尊重孩子的意见，接受他的要求。

现今不少父母喜欢在孩子的课余时间里，送他们去学习钢琴、绘画、书法、柔道等课程。许多时候，父母只是按照自己的兴趣行事，或有一种自己过去没有机会学到，如今希望在孩子身上获得补偿的心理，并以此作为选择孩子课外教育的准则。

其实，这些课外教育只是父母的意愿，未必是孩子愿意学习的技艺。父母在决定之前，不妨先听听孩子的意见，千万别强迫他们去学习自己没有兴趣的技艺，否则会破坏他们以后学习的信心。

学习哪一种技艺并不重要，重要的是孩子是不是健康、快乐，这是日后他们能否发挥才能的关键。

托米11岁生日的时候，爸爸给他买了一整套珍贵的邮票，希望能够培养他集邮的兴趣。后来，托米在朋友那里发现了一套篮球明星卡，非常眼馋，就用这套邮票换了那套明星卡。后来，爸爸发现了这个交换，感到非常生气。首先，他认为这是他送给托米的礼物，他这样轻易地换掉，是对他的不尊重；再有，他知道和托米换卡的小孩比托米大，应该懂得这套邮票的价值要远远超过那套明星卡的价值，而他没有告诉托米，因此是占了托米的便宜。当然，最重要的是爸爸认为托米并没有和他商量，就把整套邮票换出去了，因此，他决定要教训托米一下。他向托米指出两件东西之间是不等价的，并强迫托米从朋友那里要回那套邮票，并退回了这套篮球明星卡。这使得托米非常窘迫，而且感到自己十分的蠢笨，和朋友之间的关系也就此破裂。

在这里，我们应当指出的是，换邮票是托米自己的决定，无论他成熟与否，父母都应当尊重这个决定。既然邮票已交给托米，他就应有权利决定如何安排这份礼物，父母无权横加干涉。的确，托米应该从这个交换中学到一些东西，但是，作为父母应当从不同角度来处理这件事情，既表现对托米的尊重，也教会他应该学习的知识。理想的做法应是，当托米向爸爸展示他新换来的明星卡时，父母应该和他一起欣赏，而不应该立刻提出任何异议。过一段时间，在一个适当的机会，爸爸再向托米解释两件东西不同的价值，而不用提起托米当时的交换行为。这样托米可以醒悟自己是以大换小，上了当，但面子上没有什么过不去。是否去找朋友要回邮票应由托米自己决定，爸爸不再参与。如果照爸爸原来的处理办法，托米会觉得非常的羞惭，而且认为自己无能，一切错都在自己身上。事实上，托米怎么会懂得这些东西的价值呢？如果他不懂，又怎么能够随便怪他呢？其实，在父母教训托米的行为中，夹杂了对自己尊严的重申与维护。这种居高临下的态度，是对孩子很不尊重的表现。

尊重孩子，意味着父母将孩子看成一个个体，而孩子作为个体有权利像我们成年人一样做出决定。

当然，说他们有权利，并不等于他们就能够做成人所能做的所有事情，因为，他们毕竟没有成年人所具有的经验和知识。

作为一名父母，不要总让自己高高在上，不把孩子当一回事，你应该放弃过时的教育理念，更多地去尊重孩子，理解孩子。

10. 抽出一点儿时间给家人

我们常常匆匆忙忙走到路的尽头，才发现自己忽略了一路的风景。生活的重负、工作的压力似乎剥夺了我们享受生活的权利。慢慢地，你开始变得烦躁、疲倦、郁郁寡欢，而你的家人——那些最在乎你、关心你、爱你的人，也因你的忙碌而生活在期盼、等待之中。

古希腊哲学家德谟克利特说：心灵应习惯于在自身中汲取快乐。每天早一小时回家，和家人共享天伦之乐吧！这一小时将价值几何？

有一位著名的电影演员，由于每天忙着拍戏，很少能够和自己的儿子在一起。突然有一天，他心血来潮，决定去接念小学的儿子回家，希望这个惊喜能让儿子体会到父亲的爱，只是在校门口左等右等就是看不到儿子的身影，纳闷地回到家后，家人才告诉这个很少回家的世界巨星，儿子已经念中学了。

这虽然是个笑话，你觉得不会发生在自己身上，但是不妨问问自己这几个问题吧："你有多久没有专心陪孩子玩了？""你知道孩子现在每天脑子里在想什么事情吗？""你知道孩子的班级、知道孩子最好的朋友是谁、孩子的兴趣是什么吗?""你有多久没有与家人共进晚餐了?"如果你能够脱口而出回答这些问题,那么我相信你一定与家人的关系很亲近。但忙于工作的你,真的能够回答好这些看起来简单的问题吗?

　　有对老夫妻结婚40多年了,结婚前本来妻子打算到国外留学的,可是最后为了爱而留了下来,先生为了弥补太太,就允诺太太:"以后有一天,我一定会带你环游世界!"随着孩子诞生、生活的开销越来越吃紧,要环游世界变成了一个遥远的梦想,先生总是安慰太太:"等孩子再大些,等钱再赚得多一些……"孩子终于成家立业,不用二老再烦心了,二老多年的省吃俭用也终于苦尽甘来。不过先生的工作更重要了,每天忙碌到很晚才能回家,平常两人连见面说话的时间都很少,更不用讲有很长的假期可以出国。太太仍是无怨无悔的守候,先生只能很抱歉地说:"等我退休,我就有时间了,到时候要去世界哪里都行。"终于等到退休了,但是一次脑中风让太太深度昏迷,每天深邃的双眼都固定看着天花板,偶尔还会落下泪来,而身边孤独的先生对着妻子不断重复地说:"老伴,你要赶快醒来啊!我要带你去日本看雪山,去伦敦看教堂,去阿拉斯加看冰河……"

　　不要让"来不及"成为一生的遗憾,工作只是人生中的一部分,只有家庭当你出生时就存在,一直到你走时,它一样给你依靠,多花些时间陪伴家人吧。

第六章
掌控生活：让心灵呼吸新鲜空气

每个人都有自己的生活，但不是每个人都能掌控自己的生活。有的人成了生活的奴隶，在现实的压力下终日忙碌，却不知道自己的目的是什么。人生是一趟旅程，在这个过程中，我们有自己的目标，但是也不要忽视了沿途的风景。试着让自己轻松一些，给自己一个独处的机会，跟自己的心灵对话，你会发现，生活原来如此美好。

1. 观察自己，认识自己

人在很多时候都会产生一些无意识的行为、思想和情绪，诸如愤怒、暴力、贪婪、嫉妒、痛苦和悲伤等。可是大多时候，人们对发生在自己身上的这些事情并不知情，非要等到产生了严重的后果之后，才后知后觉地发现自己做了多么恶劣的事情，到那时，后悔也来不及了。

伊凡雷帝是俄国历史上第一位沙皇，三岁就继承了莫斯科和全俄罗斯大公位，号称伊凡四世。但他性情凶残又生性多疑，独断专行且手段残酷，为此，他甚至亲手杀害了自己的儿子。

伊凡雷帝的儿子伊万娶了叶莲娜公主为妻。伊万对自己的这位王妃非常宠爱，又因叶莲娜有孕在身，伊万对她更是千依百顺。按照俄国当时的观念，宫中妇女穿衣服至少得3件以上才算着装整齐。但盛夏季节天气炎热，叶莲娜便在自己的房间只穿了一件薄裙。恰巧沙皇雷帝从房间外走过，看到儿媳有失体统的穿着后，大发雷霆，不顾叶莲娜已有身孕，就将她痛打一顿，最终，叶莲娜因受到惊吓导致流产。

太子伊万得知消息后去找父亲理论，父子俩起了争执，伊凡雷帝的暴戾性格很快被引爆。他气急败坏地从宝座上跳下来，举起铁手杖朝儿子一顿乱刺，伊万的肩膀和头部都受了伤。而且太阳穴上还被刺了一个洞，鲜血直冒，伊万一头栽倒在地。

直到这时，伊凡才停了手，看着自己那沾满鲜血的手杖，他惊呆了，仓皇失措地站在那里，似乎这一切都是别人干的。忽然，他醒悟过来，趴在儿子身上，不停地吻着儿子的脸。但儿子已经两眼翻白，鲜血不停地从那深深的伤口里涌出。他掏出手帕捂住伤口想止血，却怎么也止不住。他惊慌失措，绝望地惨叫着："天哪！我杀死了自己的儿子，我杀死了自己的儿子！"

因为失血过多，伊万太子身亡了。

伊凡雷帝之所以会杀死自己的儿子都是因为他一时的怒气导致的，恶劣情绪控制了他的行为，最终酿成了苦果。

反观一下现实，现在又有多少人因一时的情绪失控酿成大祸而后悔终生呢？要想改变这种被恶劣情绪掌控的状态，就要学会观察自己的状态，只有知道自己什么时候会出现负面情绪，才能让自己避免陷入这种情绪的冲击中，从而用良好的心态来面对生活。

畅销作家张德芬女士在她的书中强调，人要在生活中观察自己，回观自己。她将观察自己分为四个层次：

（1）情绪其实就是身体对你思想的一个反应，只不过有的时候你还没觉察到，情绪就起来了。感觉你的身体哪里紧绷了吗？胃部是否有不舒服的感觉？心中央是否紧绷或抽痛？身体是否颤抖？这些都是情绪在你身上作用的结果。观察它、观照它，允许它的存在，全然地去经历它，不要抗拒。这时你就会发现，你的全然接纳和全然经历，会让它更快得消失，甚至转化为喜悦。你要能够觉察到，然后告诉自己："哦！此刻我有负面情绪了。"这时候，最重要的就是把注意力放在自己的内心，而不是放在引起你负面情绪的人、事、物上。

（2）先观察一下你此刻的肢体动作是什么。把注意力放在自己的身体上，可以避免让你完全陷入自己的情绪冲击当中。

（3）试着去看见你在想什么，就是去观察自己的思想。如果你能够倾听到那个"喋喋不休的声音"，你就是观察到了你的思想。听到了之后，也许自己都会吓一跳："我怎么可能会有这种思想呢？"这个时候，请你带着觉悟和爱去观照它。它只是一个思想，不代表你。不要认同，也不要批判它，你只要默默地看着它。

（4）你此刻有什么情绪？如何观察情绪？有些人连自己生气了都不知道。其实，观察情绪最简单的方法就是观察你自己。

在一定意义上，观察自己其实可以理解为认识最内在的自我，也就是那个使你之所以成为你的核心和根源。认识了这个东西，你就可以做到心中有数了，知道怎样的生活才是合乎你的本性的，你究竟应该要什么和可以要什么。

学会观察自己是智慧人生的开端，只有先观察自己，才能不断改正自己的缺点，不断进步，最终走向成功。

2. 不要把愿望留到以后

在给自己定好位以后，你可能有很多美妙的构想、详尽的计划，但如果你不去尝试，不敢行动，那么它们就毫无意义。只有大胆尝试，才能把梦想化为现实。

美国探险家约翰·戈达德说："凡是我能够做的，我都想尝试。"在约翰·戈达德15岁的时候，他就把他这一辈子想干的大事列了一个表。他把那张表题名为"一生的志愿"。表上列着："到尼罗河、亚马逊河和刚果河探险；登上珠穆朗玛峰、乞力马扎罗山和麦特荷恩山；驾驭大象、骆驼、鸵鸟和野马；探访马可·波罗和亚历山大一世走过的道路；主演一部《人猿泰山》那样的电影；驾驶飞行器起飞降落；读完莎士比亚、柏拉图和亚里士多德的著作；谱一部乐曲；写一本书；游览全世界的每一个国家；结婚生孩子；参观月球……"每一项都编了号，一共有127个目标。

当戈达德把梦想庄严地写在纸上之后，他就开始抓紧一切时间来实现它们。

16岁那年，他和父亲到了乔治亚州的奥克费诺基大沼泽和佛罗里达州的埃弗格莱兹去探险。这是他首次完成了表上的一个项目，他还学会了只戴面罩不穿潜水服到深水潜游，学会了开拖拉机，并且买了一匹马。

20岁时，他已经在加勒比海、爱琴海和红海里潜过水了。他还成为一名空军驾驶员，在欧洲上空做过33次战斗飞行。

21岁时，已经到21个国家旅行过。

22岁刚满，他就在危地马拉的丛林深处，发现了一座玛雅文化的古庙。同一年，他就成为"洛杉矶探险家俱乐部"有史以来最年轻的成员。接着，他就筹备实现自己宏伟壮志的头号目标——探索尼罗河。

戈达德26岁那年，他和另外两名探险伙伴，来到布隆迪山脉的尼罗河之源。三个人乘坐一只仅有60磅重的小皮艇，开始穿越4000英里的长河。他们遭到过河马的攻击，遇到了迷眼的沙暴和长达数英里的激流险滩，闹过几次疟疾，还受到过河上持枪匪徒的追击。出发十个月之后，这三位"尼罗河人"胜利地从尼罗河口划入了蔚蓝色的地中海。

紧接着尼罗河探险之后，戈达德开始接连不断地实现他的目标：1954年他乘筏飘流了整个科罗拉多河；1956年他探查了长达2700英里的全部刚果河；他在南美的荒原、婆罗洲和新几内亚与那些食人生番、割取敌人头颅作为战利品的人一起生活过；他爬上阿拉拉特峰和乞力马扎罗山；驾驶超音速两倍的喷气式战斗机飞行；写成了一本书；他结了婚，并生了五个孩子。开始担任专职人类学者之后，他又萌发了拍电影和当演说家的念头。在以后的几年里，他通过讲演和拍片，为他下一步的探险筹措了资金。

将近60岁时，戈达德依然显得年轻、英俊，他不仅是一个经历过无数次探险和远征的老手，还是电影制片人、作家和演说家。戈达德已经完成了127个目标中的106个。他获得了一个探险家所能享有的荣誉，其中包括成为英国皇家地理协会会员和纽约探险家俱乐部的成员。沿途，他还受到过许多人士的亲切会见。他说："……我非常想作出一番事业来。我对一切都极有兴趣：旅行、医学、音乐、文学……我都想干，还想去鼓励别人。我制定了那张奋斗的蓝图，心中有了目标，我就会感到时刻都有事做。我也知道，周围的人往往墨守成规，他们从不冒险，从不敢在任何一个方面向自己挑战。我决心不走这条老路。"

戈达德在实现自己目标的征途中，有过18次死里逃生的经历。"这些经历教我学会了百倍地珍惜生活，凡是我能做的，我都想尝试。"他说，"人们往往活了一辈子，却从未表现出巨大的勇气、力量和耐力。但是，我发现，当你想到自己反正要完了的时候，你会突然产生惊人的力量和控制力，而过去你做梦也没想到过，自己体内竟蕴藏着这样巨大的能力。当你这样经历过之后，你会觉得自己的灵魂都升华到另一个境界之中了。"

"那本书是我在年轻的时候立下的，它反映了一个少年人的志趣，其中当然有些事情我不再想做了，像攀登埃佛勒斯峰或当'人猿泰山'那样的影星。制定奋斗目标往往是这样，有些事可能力不从心，不能完成，但这并不意味着必须放弃全部的追求"。"检查一下你的生活并向自己提出这样一个问题是很有好处的：'假如我只能再活一年，那我准备做些什么？'我们都有想要实现的愿望，那就别延宕，从现在就开始做起！"

3. 别被欲望所控制

有一句俗话叫"知足常乐"。孟子有一句话："养心莫善于寡欲。"这是说希望心能够正、欲望越少越好。他还说："其为人也寡欲，虽不存焉者寡矣；其为人也多欲，虽有存焉者寡矣。"欲少则仁心存，欲多则仁心亡，说明了欲与仁之间的关系。

自古仕途多变动，所以古人以为身在官场的纷华中，要时刻有淡化利欲之心的心理。利欲之心人固有之，甚至生亦我所欲，所欲有甚于生者，这当然是正常的。问题是要能进行自控，不把一切看得太重，到了接近极限的时候，要能把握得准，跳得出这个圈子，不为利欲之争而舍弃一切。

那么，怎么才能使自己的欲望趋淡呢？"仕途虽纷华，要常思泉下的况景，则利欲之心自淡。"常以世事世物自喻自说则可贯通得失，比如，看到天际的彩云绚丽万状，可是一旦阳光淡去，满天的绯红嫣紫瞬时成了几抹淡云，古人就会得出结论："常疑好事皆虚事。"看到深山中参天的古木不遭斧斤，葱郁蓬勃，究其原因，是它们不为世人所知所赏，自是悠闲岁月，福泽年长，"方信人是福人"。中国的古代，自汉魏以降，高官名宦，无不以通禅味解禅心为风雅，可以在失势时自我平衡、自我解脱。

人生在世，除了生存的欲望以外，人还有各种各样的欲望，自我实现就是其中之一。欲望在一定程度上是促进社会发展的动力，可是，欲望是无止境的，欲望太强烈，就会造成痛苦和不幸，这种例子不胜枚举。因此，人应该尽力克制自己过高的欲望，培养清心寡欲、知足常乐的生活态度。

《菜根谭》中主张："爵位不宜太盛，太盛则危；能事不宜尽华，尽华则衰；行谊不宜过高，过高则谤兴而毁来。"意即官爵不必达到登峰造极的地步，否则就容易陷入危险的境地；自己得意之事也不可过度，否则就会转为衰颓；言行不要过于高洁，否则就会招来诽谤或攻击。

同理，在追求快乐的时候，也不要忘记"乐极生悲"这句话，适可而止，才能掌握真正的快乐。在很多时候，争取有时虽然能获得一些，但最终失去得更多。大凡美味佳肴吃多了就如同吃药一样，只要吃一半就够了；令人愉快的事追求太过则会成为败身丧德的媒介，能够控制一半才是恰到好处。

所谓"花看半开，酒饮微醉，此中大有佳趣。若至烂漫酕醄，便成恶境矣。履盈满者，宜思之"。意即赏花的最佳时刻是含苞待放之时，喝酒则是在半醉时的感觉最佳。凡事只达七八分处才有佳趣产生。正如酒止微醺，花看半开，则瞻前大有希望，顾后也没断绝生机。如此自能悠久长存于天地畛域之中。

又如："宾朋云集，剧饮淋漓乐矣，俄而漏尽烛残，香销茗冷，不觉反而呕咽，令人索然无味。天下事率类此，奈何不早回头也。"痛饮狂欢固然快乐，但是等到曲终人散、夜深烛残的时候，面对杯盘狼藉，必然会兴尽悲来，感到人生索然无味，天下事大多如此，为什么不及早省悟呢？

常常看到有些人因未能得到重用，就牢骚满腹、借酒浇愁，甚至做些对自己不负责任的事情。这真是太不值得了！其实生命的乐趣很多，何必那么关注功名利禄这些身外之物呢？少点欲望，多点情趣，人生会更有意义，何况该是你的跑不掉，不该是你的争也没用。

因此，注重中庸并保持淡泊人生、乐趣知足的心态，才能使自己体会出无尽的乐趣，达到人生的理想境界。

古人云：求名之心过盛必作伪，利欲之心过剩则偏执。面对名利之风渐盛的社会，面对物质压迫精神的现状，能够做到视名利如粪土，视物质为赘物，在简单、朴素中体验心灵的丰盈、充实，并将自己始终置身于一种平和、自由的境界。

古语中有"鼹鼠饮河，仅止满腹"之说，俗语中有"日有三餐，夜有一眠"之论。这些说明了一个十分浅显的人生道理：人的一生，物质上并不需要太多。这个道理并不太难懂，但是懂了这个道理，并不能以此来指导人生。因此，我们在生活中，经常看到有许多人永远不能满足，什么便宜都想占，好事自己没有沾上，便觉得逆情悖理，所以，我们经常看到一些人为了获取物质上的享受，不惜工本、费尽心机，最终是"机关算尽太聪明，反误了卿卿性命"。当然，谁都愿意日子过得舒坦些，但是有人把它和追逐无限的物质利益等同起来，而不知道人之所需实际并不多，或者虽然知道，但不能遏止自己膨胀的欲望。他们为了追逐生活的高水平，把自己的人格降到正常的水平线下。

4. 做自己的时间管理专家

时间管理专家皮尔斯警告说："不要以为拖拖拉拉的习惯是无伤大局的，它是个能使你的抱负落空、破坏你的幸福甚至夺去你生命的恶棍。"

拖延是一种很坏的习惯，我们都知道"今日事，今日毕"这句格言，但很少有人这样去做。我们总是得过且过，把今天该做的事情推到明天完成，现在该打的电话拖到一两个小时后再打，这个月该完成的报表推到下个月去做。这样下去的结果就是工作任务怎么也完不成，压力也越来越重。

拖延是成功的最大敌人。优秀的企业家都懂得做好时间管理的积极意义，有效地利用时间是成功者必备的素质。

伯利恒钢铁公司总裁查理斯·舒瓦普向效率专家艾维·利请教"如何更好地执行计划"，艾维·利称可以在10分钟内就给舒瓦普一样东西，这样东西能把他公司的业绩提高50%。然后，他递给舒瓦普一张空白纸条，说："请在这张白纸上写出明天要做的6件最重要的事。"舒瓦普用5分钟时间写完了。

艾维·利接着说：请用数字注明这6件事重要性的次序。

这又花了5分钟。

艾维·利又说："好了，请把这张纸放进口袋。明天早上第一件事是把纸条拿出来，做第一件最重要的事，不要看其他的，只是第一项，直至做完。然后，用同样的方法做第二件事，第三件事……直至你下班为止。如果只是做完第一件事不要紧，因为你总是在做最重要的事。"艾维·利最后说："每一天都这样做，只用10分钟时间，你刚才看见了。当你对这种方法的价值深信不疑时，叫你公司的人都这样做。这个实验你爱做多久做多久，然后给我寄支票来，你认为值多少就给我多少。"一个月后，艾维·利收到一张2.5万美元的支票和一封信。信上说，那是他一生中最有价值的一课。

5年后，这个当年不为人知的小钢铁厂一跃成为世界上最大的独立钢铁厂。

人们普遍认为，艾维利提出的方法功不可没。再来看一位著名的企业家所讲的推销员的故事：

在哥伦比亚地区，有一位年轻的推销员，坐在我的办公室里。当时正值12月初，我们正在做下一年的年度计划。我问他："你下一年准备推销多少？"

他微微笑了笑，说："我保证明年比今年卖得多。"

"你今年卖了多少？"

"我真的不知道。"

这个回答让我很不满意。我用一个问题向这位年轻推销员挑战："你想在橱具生意这一行中赢得不朽的声誉吗？"

第六章 >>> 掌控生活：让心灵呼吸新鲜空气

他受到诱惑并热情地回答："要怎样才能做到？"

"很容易，只要打破公司所有时期的纪录即可。"

"不可能，因为纪录本身并不真实。当时，那位创纪录者是他女婿帮他推销的。"

这位年轻人失败的借口是"我无法做到，因纪录有假"。我重新使他确信纪录是合理的，并向他挑战说："如果你打破所有的纪录，你的照片会和公司董事长的一起挂在总办公室。你可以上全国的报纸，成为世界性的推销员，公司将为你制造金壶。"

他动心了，但对销量估计不足。

我提醒他，可以利用他最好的一周销量乘以50就可能打破纪录。这时，他笑着说："对你来说，那是很容易的……"我打断他的话："是的，你要做到也不难，如果你相信你能够做到的话。"他仍然不相信自己能够做到，但他答应回去好好想想。那是很重要的一点，因为一个心血来潮时轻易设定的目标，在遭遇第一次阻碍时很容易就会放弃。

12月26日，他给我长途电话，他兴奋地说："自从本月初我们谈话以来，我就开始精确记录下所做的每一件事。在我敲门时，做电话拜访时，举行说明展示时，打开样品箱时，我都知道已经得到多少生意，我知道每周卖多少，每天卖多少，每小时卖多少，我将打破那个纪录。"我插话道："不，你不是将打破纪录，而是正在打破纪录。"

我这样说是因为他没有用"如果"，他的决定不是如果式的（专为失败做的决定）。他没说如果我没有汽车失事的话，如果我没有家人生病的话，我就打破纪录。他是说："我将打破记录。"

以前他一年从未超过34000美元的业绩，当时这还不怎么坏。然而在第二年，还是相同的地区、相同的价格、相同的产品，他卖出的橱具总值，扣除退回订单与损失，竟达到104000美元，是以前的3倍。结果他打破了所有的纪录。公司遵照我跟他所讨论的方式给他酬劳，他得到了名声与金壶。

从这个故事里,我们可以看到,做好时间管理、有效的年度计划,就可以创造奇迹。他知道自己应该每周卖多少、每天卖多少、每小时卖多少,把自己的时间规划好,用上一年的最好纪录来激励自己,自然就能获得想要的成功。

5. 知足才能体验人生的快乐

我们经常说:目标越大动力越足。美好的人生从远大的梦想开始,因为伟大的目标将有助于激发人类的潜能。但很多时候,那些不切实际的梦想或太过苛刻的要求,却成为了制约人生发展的瓶颈,让人心情阴郁,难以获得真正的快乐。

当约翰还是个孩子的时候,他曾梦想过自己的将来:住在一所有门廊和花园的大房子里,在房子的前面有两尊圣伯纳的雕像;娶一位身材修长、美丽善良的姑娘,她有乌黑的长发和碧蓝的眼睛,她的吉他琴声美妙、歌声悠扬;有3个健壮的儿子,在他们长大之后,一个是杰出的科学家,一个是参议员,最小的儿子成为橄榄球队员;而他自己要当一名探险家,登上高山、越过海洋去拯救人类;拥有一辆红色的赛车,而且千万不要为衣食去奔波。

可是有一天,在跟伙伴们玩橄榄球的时候,他的膝盖受了伤。为此,他再也不能登山,不能爬树,不能到海上航行了。他没有因为梦想受阻而沮丧,转而开始研究市场销售,并且成为一名医药推销商。

后来,他顺利地和一位漂亮善良的姑娘结了婚。她的确有乌黑的长发,不过身材矮小而且眼睛是棕色的;她不会弹吉他甚至不会唱歌,却能做美味的菜肴；她擅长绘画，画的花鸟更是栩栩如生。

为了经商，他住进了城中一座47层高的公寓。在这里，他可以俯看蔚蓝的大海和城市的夜景。在他的房间里，根本无法摆放两尊圣伯纳的雕像，他却养了一只惹人喜爱的小猫。

再后来，他有了3个非常漂亮的女儿，遗憾的是最可爱的幼女只能坐在轮椅上。他的女儿们都很爱他，但没有和他一起玩橄榄球。他们有时去公园追逐嬉戏，可他的幼女却只能坐在树下自弹自唱——她的吉他虽然弹得不好，可歌声却是那样的委婉动听。

为了让生活过得舒适，他挣了很多钱，但没能开上红色的赛车。

一天早晨，他醒来后，回想起自己年轻时候的梦想。

"我真是太不幸了。"他对他最要好的朋友说。

"为什么？"朋友问。

"因为我的妻子和梦想中的不一样。"

"你的妻子既漂亮又贤惠，"他的朋友说，"她创作出动人的绘画并能做美味的菜肴。"但他对此不以为然。

"我真是太伤心了。"有一天，他对妻子说。

"为什么？"妻子问。

"我曾梦想在一所有门廊和花园的大房子里，现在却住进了47层高的公寓。"

"可我们的房间不是很舒适嘛，而且还能看见大海，"妻子说，"我们生活在爱情与欢乐中，有画上的小鸟和可爱的小猫，更不用说我们还有3个漂亮的孩子了。"

但他听不进去。

"我实在是太悲伤了。"他对他的医生说。

"为什么？"医生问。

"我曾梦想成为一名伟大的探险家，现在却成了一名秃顶的商人，而且膝盖落下了残疾。"

"但你提供的药品已经挽救了许多人的生命。"

可他对此却无动于衷。结果，医生收了他110美元并把他送回了家。

"我简直太不幸了。"他对他的会计说。

"怎么回事？"会计问。

"因为我曾梦想过自己开着一辆红色的赛车，而且绝不会有生活负担。可是现在，我却要乘公共交通工具，有时仍要被迫去工作挣钱。"

"可你却衣着华丽、饮食精美，而且还能去欧洲旅行。"他的会计说。

但他仍旧心情沉重。他莫名其妙地给了会计100美元，并且依然梦想着那辆红色赛车。

"我的确是太不幸了。"他对他的牧师说。

"为什么？"牧师问。

"因为我曾梦想有3个儿子，可我却有了3个女儿，最小的那个甚至不能走路。"

"但你的女儿聪明又漂亮，"牧师说，"她们都很爱你，而且都有很好的工作。一个是护士，一个是艺术家，你的小女儿也是一名儿童音乐教师。"

可他还是一样听不进去。极度的悲伤终于使他病倒了。他躺在洁白的病床上，看着那些正在为他进行检查和治疗的仪器——这些正是由他卖给这所医院的。

他陷入极大的悲哀中，他的家人、朋友和牧师守候在他的病床前，为他深感痛苦。

一天夜里，他梦见自己对上帝说："小的时候，你曾答应满足我的所有要求。你还记得吗？"

"那是一个美好的梦境。"

"可你为什么没有把那些赐予我?"

"我能够赐给你,"上帝说,"不过,我想用那些你没有梦见的东西而使你惊奇。我已经赐予你一个美丽而善良的妻子、一个体面的职业、一个好的住所及3个可爱的女儿。这些已经是最美好的了……"

"可是,"他打断了上帝的话,"你并没有把我真正想要得到的赐给我。"

"我可以答应赐给你所有你想要的,但首先我要收回你现在的一切,你美丽善良的妻子、你可爱的女儿们……"上帝说。

上帝的话像一道闪电炸开在他的头上。虽然他一直在抱怨自己的不幸,但他从来都没有想过有一天他要失去他的妻子、女儿以及现在的一切。失去了这些,他将无法生存。他想象着没有妻子、女儿在身边的情景,惊恐地拒绝了上帝的提议。

这一夜,他始终躺在黑暗中进行思考,并终于决定重新再做一个梦。他希望梦见往昔的时光以及他已经得到的一切。

他康复了,幸福地生活在位于47层的家中。他喜欢孩子们的美妙声音,喜欢他妻子那深棕色的眼睛与精美的花鸟画。夜晚,他在窗前凝望着大海,心满意足地观赏着城市的夜景。从此,他的生活充满了阳光。

其实,现实中的我们就像故事中的这个主人公,总是对周围的美好视而不见,偏偏要去追寻远方的风景。有句话说得对,只有到失去的时候才知道珍惜。但人生是单行线,我们不能等到失去的时候再去后悔,而应该从现在开始,好好珍惜,用知足的心态面对我们的人生。

6. 劳逸结合才能保持清醒

我们一定要强调放松、强调劳逸结合的重要性，这是因为一个人只有在头脑清醒的状态下工作，才会是高效率的。否则，就算我们花费在做事上的时间再多，效果也会很差。所以保持清醒的精神状态对我们来讲相当的重要。

有个伐木工人在一家林厂找到一份伐树的工作，由于薪资优厚，工作环境也相当好，伐木工很珍惜，也决心要认真努力地工作。

第一天，老板交给他一把锋利的斧头，划定一个伐木范围，让他去砍伐。非常努力的伐木工人，这天砍了18棵树，老板也相当满意，他对伐木工人说："非常好，你要继续保持这个水准！"

伐木工人听见老板如此夸赞，非常开心，第二天他工作得更加卖力。但是，不知道为什么，这天他却只砍了15棵树。

第三天，他为了弥补昨天的缺额，更加努力砍伐，可是这天却砍得更少，只砍了10棵树。

伐木工人感到非常惭愧，他跑到老板那儿道歉："老板，真对不起，我不知道为什么，力气好像越来越小了。"

老板温和地看着他，接着问："你上一次是什么时候磨斧头的？"

伐木工望着老板，诧异地回答说："磨斧头？我每天都忙着砍树，根本没有时间磨斧头啊！"

"当你从18棵树的成绩降低到10棵树时，就表示你必须找出时间，磨一磨你的刀了。"

多一点时间休息，多花一点时间增强实力，你才能头脑清醒，事半功倍，让每一分、每一秒都在你的掌控之中。

获得清醒状态最好的办法，当然是休息。一个人只有休息得好，才有可能精力充沛地投入到工作中去。问题是，我们很难获得高质量的休息。

高质量的休息，就要达到能将自己的身体和精神处在一种松弛的状态，在这样的过程中，我们的身体机能和精神状态都能够得到恢复。获得高质量的休息，不是一件容易的事情。最主要的原因在于我们很难做到"该做事的时候做事，该休息的时候休息"。其实我们要做的事，并没有多到一点儿休息的时间都没有，并没有多到连吃饭、去厕所、搭公交车，甚至睡觉的时候都要为做事伤脑筋。但是做事带给我们的紧张情绪被我们毫无保留地带到了做事以外的生活中。休息的时候，我们的脑海里面还是缠绕着有关事情的种种细节，我们还是在下意识的惯性作用下，处在做事的状态中。尽管我们可能已经远离了电脑，远离了文件，但是我们的大脑还是和这些东西连在一起，迟迟不肯离开。更为严重的是，做事也蔓延到了我们的睡眠之中。我们中有多少人可以每天享受到舒适的睡眠，而不被与工作有关的梦境打扰，相信那个比例一定是小得可怜。

无法获得真正休息的症结就在于我们不能够很好地在做事态与休息态之间实现转换。我们经常是一时间回不了神儿，或者认为我们不能很好地进入角色。让你停止休息，马上投入做事，可能不难；但是要你停止做事，马上去休息一下，可就不是那么简单了。解决这个问题没有什么太好的办法，因为人毕竟不同于机器。如果是一台机器的话，只要设置一个开关就好了，就能让它说干就干，说停就停。可是人是不可能做到的，任何人在任何状态间的转化调整，都是一个渐变的过程。于是，我们能做的就是让这个渐变过程尽可能的短。

所以，为了能够更好地做事，必须要有高质量的休息。休息绝对不是浪费时间的事情。浑浑噩噩24小时的做事，一定不会比12个小时全神贯注地做事产生更好的效果。这个道理，大家都明白，关键是，在你需要休息的时候，你能够想到这一点，而不再把自己的精力停留在做事上。

我们应该学会如何地暇时吃紧，忙里偷闲。在我们闲暇的时候，甚至是无聊得有些发慌的时候，就应该给自己安排一些事情做，把一些不急于让我们解决的事情拿来思考一下，把一些早就放在案头却没有时间看的书浏览一番，为的是以后能够获得从容；在我们手忙脚乱，甚至是四脚朝天的时候，也能有心情来个忙里偷闲，哪怕就是坐在街心公园里面看看小孩子们玩耍，或是闭目养神的时候打开娱乐频道听听歌星们的消息，为的就是获得片刻的闲暇，这样我们就不会让自己闲得无聊，或是忙碌得精疲力竭。劳逸结合就是这么产生的。

在这里，我们需要纠正一个关于休息、放松的错误想法：放松需要花很长一段时间。

事实上，放松有迅速的方法，也有简易的方法，由于有这些迅速与简易的放松方法，使得在忙碌的工作日中随时随地地放松成为可能，而不是只有在夜晚完成最后一件事才能放松。

假使我们把放松与外出用餐相比较，你就会更容易了解。比如，有时你为求便利而选择吃速食；有时你却选择享受一顿四道菜的大餐。你的选择是视当时的情况而定，放松身体也是同样的道理。

放松不过是逐渐地松弛紧张，就是如此简单。人人都要承受压力，压迫感促使我们背部的发条逐渐锁紧，我们唯有借放松来松弛发条以减少压迫感。更进一步而言，仿佛玩具一般，我们也需要一些动力的驱策来运作。

假使施以的动力过大，我们便趋近极限点，而有断裂的危险。不过我们与玩具之间至少有一个重要的不同点：我们可以停止紧张的累积，并且可以随时随地决定松弛紧张。

人到了一定年龄更应该懂得，一切成就都要靠健康的身体去争取，因此对于身体这架唯一的机器，一定要爱护有加。放松、休息对于身体，正如润滑油对于机器一样重要。

7. 给自己一个独处的机会

人应当学会独处，给自己一个空间，来思考，来安静自己的心灵。这个社会，经济发展迅猛，生活节奏加快，人很容易就会感觉疲劳和厌倦。据调查，现在职场上，超过一半的人是处于亚健康状态。所谓亚健康，就是处于健康和得病之间，身体好一点能坚持得久一点，身体稍微一弱，人就容易患病，或者是积劳成疾。所以，人更应该忙里偷闲，给自己腾出一些时间和空间来独处。在独处中感受生命，在独处中使烦躁的心灵得到安抚，在独处中反思自我，对自己做一下总结和规划，卸下沉重的包袱，轻松上阵。

人为什么要学会独处呢？对于有自我的人来说，独处是人生中的美好时刻和美好体验，虽然会有寂寞，但寂寞中又有一种充实。独处是心灵成长的必要空间。在独处时，我们从繁忙的事务中抽身出来，使时间完全属于自己，得到自己，成为自己。卢梭曾说过，上帝把每个人造出来之后，就将每个人的特定的模子打碎了。所以，对世上的每个人来说，他都只有一次生命的机会，都是一个与众不同的、独一无二的、不可复制的生命存在。每个人都拥有一颗独属于自我的、闪烁着个性光彩的灵魂。在茫茫人世间，在竞争激烈的社会中，大家都在忙碌地追求知识、财富、名誉等，而少有人关注自己的心灵世界，关注独属于自己的灵魂。

人活一世，名誉、财富都是身外之物，或多或少，人人都可以求得，但没有人能够替你去感悟你自己，感悟你自己的灵魂，感悟你自己的独特人生。唯有你自己，在远离浮华的世俗之外，独自一人，静静地面对心灵中的自己，与之交流，与之切磋。这时，你才能够拂去遮蔽在心灵之上的世俗的尘埃，才能呈现出你本真的灵魂，才能品出你自己的生活的滋味，才能真正地找回你自己。这才是你这个人与其他人的完全不同的一种存在，一种充盈着个性特征、焕发着个性光华的生命存在。这才是一个个体的人的生命存在和成功的真正的标志。

　　俗话说弦绷久了也会断。一个人的生活也应当做到有张有弛。纷繁的生活固然热闹，但热闹容易让人的生活变得浮躁，从而很难静下心来进行深刻的思考；忙碌的追求固然必要，但功利化的追求反而会使人越来越为身外之物所劳，而离自己越来越远。只有学会了独处，一个人才有能力让自己从看似充实忙碌的热闹中解脱出来，为自己找到一块安宁的处所，回到自己的内心，安顿好自己的灵魂。从终极意义上讲，从生到死，我们一个人来，一个人去，两种世界里我们不缺独处。事实上，独处是心灵的事情，当我们的身体在尘世间穿梭时，我们的心灵却需要独处。

　　尼采终生未娶，他一生的大部分时间是在与自然界的对话中度过的。在极度的孤独中，他把独处的境界发挥到了极致，他深刻地思考着哲学这个东西。独处使他心灵安静，更铸就了他天才的灵魂。从《悲剧的诞生》到《查拉图斯特拉如是说》，再从《偶像的黄昏》到《瞧，这个人》，他在独处中连接心灵与哲学的通道，一步一步使自己丰富，使自己挺立成一个巨人。

　　独处是对心灵的释放。独处使人丰富，因为他的丰富和自由完全不受空间的制约，更不需要有人作陪。独处时，你可以思想，可以闲适，可以让灵魂四处散步。独处可以让你回归为你自己，成为自己心灵的主人。

独处不是逃避,而是为了更好地释放。古人云:"穷则独善其身,达则兼济天下。"其中的"穷"就是一种境界,一个人独处时的本真修养。

学会了独处才能使自己变得更加强大。在独处中反省自己,对自己做一个清晰的判断,找出自己的不足,从而使自己完善起来,丰富起来。有一句话叫静若处子,动如脱兔。独处时可以使自己的灵魂安静下来,从而为自己增加一种安静的气质。学会了独处,是生命中的以进为退,人就能更完美,也更能适应这个社会的发展,更容易为自己找到一条适于生活下去的路。

8. 用豁达的心态看待得失

清代红顶商人胡雪岩破产时,家人为财去楼空而叹惜,他却说:"我胡雪岩本无财可破,当初我不过是一个月俸四两银子的伙计,眼下光景没什么不好。以前种种,譬如昨日死;以后种种,譬如今日生吧。"胡雪岩的这种得失心当数"糊涂之极",然而,失去的已经不再拥有,再去计较又有何用?所以,还是糊涂一点好。

人生的许多烦恼都源于得与失的矛盾。如果单纯就事论事来讲,得就是得到,失就是失去,两者泾渭分明,水火不容。但是,从人的生活整体而言,得与失又是相互联系、密不可分的,甚至在一定程度上,我们可以将其视为同一件事情。我们认真想一想,在生活中有什么事情纯粹是利,有什么东西全然是弊?显然没有!所以,智者都晓得,天下之事,有得必有失,有失必有得。

山姆是一个画家,而且是一个很不错的画家。他画快乐的世界,因为他自己就是一个很快乐的人。不过没人买他的画,因此他想起来会有些伤感,但只是一会儿。

"玩玩足球彩票吧!"他的朋友劝他,"只花2美元就可以赢很多钱。"

于是山姆花2美元买了一张彩票,并真的中了彩!他赚了500万美元。

"你瞧!"他的朋友对他说,"你多走运啊!现在你还经常画画吗?"

"我现在就只画支票上的数字!"山姆笑道。

山姆买了一幢别墅并对它进行一番装饰。他很有品位,买了很多东西:阿富汗地毯,维也纳柜橱,佛罗伦萨小桌,迈森瓷器,还有古老的威尼斯吊灯。

山姆很满足地坐下来,他点燃一支香烟,静静享受他的幸福,突然他感到很孤单,便想去看看朋友。他把烟蒂往地上一扔——在原来那个石头画室里他经常这样做——然后他出去了。

燃着的香烟静静躺在地上,躺在华丽的阿富汗地毯上……一个小时后,别墅变成火的海洋,它被完全烧毁了。

朋友们很快知道这个消息,他们都来安慰山姆。"山姆,真是不幸啊!"他们说。

"怎么不幸啊?"他问。

"损失啊!山姆你现在什么都没有了。"朋友们说。

"什么呀?不过是损失了2美元。"山姆答道。

在人生的漫长岁月中,每个人都会面临无数次的选择,这些选择可能会使我们的生活充满无尽的烦恼和难题,使我们不断地失去一些我们不想失去的东西,同样这些选择却又让我们在不断地获得。我们失去的，也许永远无法补偿，但是我们得到的是别人无法体会到的、独特的人生。因此面对得与失、顺与逆、成与败、荣与辱，要坦然待之，凡事重要的是过程，对结果要顺其自然，不必斤斤计较、耿耿于怀。否则只会让自己活得很累。

俗话说"万事有得必有失"，得与失就像小舟的两支桨，马车的两只轮，得失只在一瞬间。失去春天的葱绿，却能够得到丰硕的金秋；失去青春岁月，却能使我们走进成熟的人生……失去，本是一种痛苦，但也是一种幸福，因为失去的同时也在获得。

一位成功人士对得失有较深的认识，他说：得和失是相辅相成的，任何事情都会有正反两个方面，也就是说凡事都在得和失之间同时存在，在你认为得到的同时，其实在另外一方面可能会有一些东西失去，而在失去的同时也可能会有一些你意想不到的收获。

人的一生，苦也罢，乐也罢，得也罢，失也罢，要紧的是心间的一泓清潭里不能没有月辉。哲学家培根说过："历史使人明智，诗歌使人灵秀。"顶上的松荫，足下的流泉以及座下的磐石，何曾因宠辱得失而抛却自在？又何曾因风霜雨雪而易移萎缩？它们踏实无为，不变心性，方才有了千年的阅历，万年的长久，也才有了诗人的神韵和学者的品性。终南山翠华池边的苍松，黄帝陵下的汉武帝手植柏，这些木中的祖宗，旱天雷摧折过它们的骨干，三九冰冻裂过它们的树皮，甚至它们还挨过野樵顽童的斧斫和毛虫鸟雀的啃啄，然而它们全然无言地忍受了，它们默默地自我修复、自我完善。到头来，这风霜雨雪，这刀斧虫雀，统统化做了其根下营养自身的泥土和涵育情操的"胎盘"。这是何等的气度和胸襟？相比之下，那些不惜以自己的尊严和人格与金钱地位、功名利禄作交换，最终腰缠万贯、飞黄腾达的小人的蝇营狗苟算得了什么？且让他暂时得逞又能怎样！

人生中，得与失，常常发生在一闪念间。到底要得到什么？到底会失去什么？仁者见仁，智者见智。不可否认的是，人应该随时调整自己的生命点，该得的，不要错过；该失的，洒脱地放弃。

不要以太过认真的态度计较得失，人生才能有更美的风景呈现。

9. 生命的旅程在于享受

很多时候，人们都会习惯于感叹熟悉的地方没有风景，好的风景似乎都在远处。于是，我们为了远处的风景而忙忙碌碌，甚至从来没有时间停下来审视一下自己的生活。

当我们历尽千辛万苦，看到自己渴望已久的风景时，又会觉得失望：原来此处的风景也不过如此而已。懊恼过后，我们又开始将目光投向远处，向着另一片看似美妙无比的风景前进。结果又不如人意，一次次的奔波换来的都是失望的感叹。你可知，在仰望远处的过程中，我们已经错过了太多生活中的美好。

一条河隔开了两岸，此岸住着凡夫，彼岸住着僧人。凡夫看到僧人们每天无忧无虑，只是诵经撞钟，十分羡慕他们；僧人们看到凡夫每天日出而作，日落而息，也十分向往那样的生活。日子久了，他们都各自在心中渴望着：到对岸去。

终于有一天，凡夫们和僧人们达成了协议。于是，凡夫们过起了僧人的生活，僧人们过上了凡夫俗子的日子。

没过多久，成了僧人的凡夫俗子们就发现，原来僧人的日子并不好过，悠闲自在的日子只会让他们感到无所适从，便又怀念起以前当凡夫的生活来。成了凡夫的僧人们也体会到，他们根本无法忍受世间的种种烦恼、辛劳、困惑。于是，他们也想起了做和尚的种种好处。

第六章 >>> 掌控生活：让心灵呼吸新鲜空气

又过了一段日子，他们各自心中又开始渴望着：到对岸去。可以预见的是，他们到了对岸，回到各自原本的生活之后，又会开始生出对对岸的渴望。如此一来，他们的人生都只能是不断地渴望对岸，却很难有真正的快乐。

在人生的旅途中，不要只把眼睛盯着对岸。换一种心态，换一种心情，你会发现最美的风景就在我们身边。当你用一种欣赏的态度来看待你的生活时，你会发现很多烦恼都是我们自找的，是我们用自己编织的烦恼之网，捆住了寻找快乐的心。一旦抛开烦恼，快乐就如影随形了。

在亚利桑那沙漠过的第一个夏天，斯蒂芬就担心自己会被华氏112°的高温烤焦。

第二年四月，斯蒂芬就开始为过夏天担忧，3个月的地狱生活又要来了。有一天，当他在凤凰城的一个加油站给车加油时，就和主人西普森先生聊起了这里可怕的夏天。

"哈哈，你不能这样为夏天担忧，"西普森先生善意地责备着斯蒂芬，"对炎炎夏日的害怕只能使夏天开始得更早、结束得更晚。"

当斯蒂芬支付油钱时，他意识到西普森先生说对了。在自己的感觉中，夏天不是已经来了吗？并开始了它为期5个月的肆虐。

"像迎接一个惊人的喜讯那样对待酷暑的来临，"西普森先生一边给斯蒂芬找零钱一边笑着说，"千万别错过夏天带给我们的各种最美好的礼物，而夏天的种种不适只须躲在装有空调的房间里就过去了。"

"夏天还有最美好的礼物？"斯蒂芬急切地问。

"你从不在清晨五六点起床？我发誓，六月的黎明，整个天际挂着漂亮的玫瑰红，就像少女羞红的脸。八月的夜晚，满天繁星就像深蓝色的海洋里漂浮的流水。一个人只有当他在华氏112°的高温里跳进水里，他才能真正体会到游泳的乐趣！"

使斯蒂芬惊奇的是，西普森先生的话果然有效。他不怕夏天了，四月与五月也就自动与炎炎夏季区分开了。当高温天气真的到来时，清晨，斯蒂芬在凉爽的季风中修剪玫瑰花；下午，他和孩子们舒舒服服地在家中睡觉；晚上，他们在院子里玩棒球游戏，做冰激凌吃，痛快极了。整个夏天，他不仅没有感受到炎热炙烤所带来的不悦和烦恼，反而尽情欣赏了沙漠中难得的壮观景象。

几年之后，斯蒂芬一家搬到了北部的克莱兰德。不到九月，邻居们就为寒冷的冬季担忧。当十二月的大雪真的落下来时，他们的孩子，10岁的大卫和12岁的汤姆兴奋极了，他们忙着滚雪球，邻居们都站在一旁盯着看"这两个从没见过雪的愣头愣脑的沙漠小子"。

后来，孩子们坐着雪橇上山滑雪、湖面滑冰。回来以后，一家人围坐在壁炉旁，津津有味地品尝着热巧克力，寒冷的冬天也幸福无比。

一天下午，一位邻居感慨地说："多年来，雪只是我们铲除的对象，我都忘了它也能给我们带来这么多欢乐呢。"

人生中，我们会遭遇各种不幸和苦难。但生命只有一次，选择快乐你就会快乐，选择悲观你就会悲伤。而很多时候，客观条件并没有绝对的好坏之分，关键还在于人的心态。

两个人同时处在炽热的太阳底下，一个人可能感到这是场苦役，一分钟都难熬；而另一个人用享受日光浴的心态看待这同样的酷热，得到的感受自然不一样。

无论怎样，生命只有一次，何不放下心中烦恼，好好享受这生命的旅程呢？

第七章
把握未来：相信自己相信明天

人人都渴望有美好的未来,但想到和得到之间还有两个字,那就是做到。想要有一个辉煌灿烂的明天,必须从现在做起。学会走出过去的阴影,不要为了打翻的牛奶而哭泣。把握未来重在脚踏实地地行动,一点一滴地积累自己的知识,改掉自己的坏习惯,用高标准来要求自己。还有一点很重要,那就是:坚持下去。

1. 不要活在过去的阴影中

回首过去的日子，每个人都有这样那样的遗憾，有的人错失了生命中最爱的人，有的人因为失误让自己一败涂地。不管什么样的遗憾，这些事情已经发生了，并且成为了过去。你是否会让过去的事情影响现在的你，进而影响你的未来呢？

著名成人教育家拿破仑·希尔先生认为，教他生理卫生课的一位老教授教给了他最有意义的一课，他为此受益终生。他回忆说：

那时我才十几岁，但是我好像常为很多事发愁。我常常为自己犯过的错误哀叹不已，考试完以后，我常常会半夜里睡不着，担心自己考不及格；追悔我做过的那些事情，希望当初不那样做；我总爱反思我说过的一些话，总希望当时能把那些话说得更好。

一天早上，我们全班到了科学实验室。教授把一瓶牛奶放在桌子边上。我们都坐着，望着那瓶牛奶，不知道牛奶跟生理卫生课有什么关系。然后，教授突然站了起来，看似不小心地一碰，把那瓶牛奶打翻在地，然后，他在黑板上写道："不要为打翻了的牛奶而哭泣。"

"好好地看一看，"教授叫我们所有的人仔细看看那瓶打翻的牛奶，"我要你们永远都记住这一课，这瓶牛奶已经没有了，它都漏光了。无论你怎么着急、怎么抱怨，都没有办法再收回一滴。我们现在所能做的，只是把它忘掉，丢开这件事情，只注意下一件事。"

我早已忘了我所学到的几何和拉丁文，这短短的一课却让我记忆犹新。后来，我发现这件事在实际生活中所给我的教益，比我在高中读了那么多书所学到的都有意义。它教我懂得：尽量不要打翻牛奶，万一打翻牛奶并漏光的时候，就要彻底把这件事情忘掉。

不要为打翻的牛奶哭泣，的确，这句话很普通，也可以算是老生常谈了；可是像这样的老生常谈，却包含了多少代人所积聚的智慧，这是人类经验的结晶。"船到桥头自然直"和"不要为打翻的牛奶哭泣"是最基本、最有用的常识了。只要我们能运用它，不轻视它，我们就能在现实生活中心境开阔，以更好的心态去面对明天。

世界拳王登朴希曾这样叙述自己拳坛生涯的最后一段岁月，他说自己最后把世界拳王的称号输给对手时，他的自尊心受到了沉重的打击。他在雨中往回走，穿过人群回到房间。一路上，他看见了一直支持自己的观众的眼睛里含着泪水，一些人要握住他的手安慰他。

一年后，不甘心的登朴希又跟对手比赛了一场，但此时他已没了信心，结果又失败了，从此他开始怀疑自己是不是就这样完了。要完全克制自己不去想这件事情实在很难，终于有一天，他对自己说："我不打算生活在过去里，我要能承受这一次打击，不能让它把我击垮。"

登朴希做到了这一点，他的做法是承受一切，忘掉过去的失败，然后集中精力来为未来计划。他开始经营百老汇的登朴希餐厅和大北方旅馆，安排和宣传拳击赛，举办有关拳击赛的各种展览会，他让自己忙着做一些有意义的事情，使他既没有时间也没有心思去为过去担忧。"在过去10年里，"登朴希说，"我的生活比我在做世界拳王的时候要开心得多。"

拿破仑·希尔说："现实生活中你们不可能锯木屑，因为那些都是已经锯下来的。过去的事也是一样，当你开始为那些已经做完的和过去的事忧虑的时候,你不过是在锯一些无用的木屑。"所以,为什么要浪费那么多时间去做无意义的事呢?虽然,犯了错误和发生疏忽都是我们的不对,可是又能怎么样呢?谁没犯过错?就连拿破仑,在他所有重要的战役中也输过三分之一。何况,即使动用全世界所有的人马,也不能再把已经过去的挽回。如果过去的失败投下的一直是阴影,并且让它影响眼前和今后的生活,实在是一种自甘沉沦的做法。我们所面对的永远是未来,而不是过去。我们回忆起从前的时候,应该感谢它带给我们的经验和动力,感谢它为我们走向美好的明天而做了一块铺路的垫脚石,把我们送上一条更好的生活道路。

2. 用心耕耘才会有收获

人们常说:"吃得苦中苦,方为人上人。"想要出人头地,实现自己的人生目标,不付出努力是不可能的。世间万事都遵循同样的规律,那就是:有付出才有收获。《庄子·逍遥游》中有这样一段话:"水之积也不厚,则其负大舟也无力;……风之积也不厚,则其负大翼也无力。"这段话要表达的深层次意思就是做人和做事情要"厚积薄发"。没有平日辛勤的劳动,没有充分的准备与积累,取得成功简直就是一种奢望。

有这样一个小故事:

在生机盎然的季节里,各种动物都忙着给秋冬季储备粮食,大家都辛勤工作着。有一只美丽的花蝴蝶,扑扇着它那色彩绚烂的翅膀,无忧无虑地翩翩起舞。花蝴蝶的好朋友小蜜蜂不像花蝴蝶那样悠闲自在,它

第七章 >>> 把握未来：相信自己相信明天

在花丛中从早到晚地忙碌着，拼命地采着花蜜，为寒冷季节的生计做着准备。

花蝴蝶看到小蜜蜂整天在花丛中忙碌着，问道："小蜜蜂，你在忙些什么呢？有没有兴趣看我跳支舞啊？"小蜜蜂头也不抬地说道："我在采蜜，为了以后的甜蜜生活忙碌，抱歉，不能捧你的场。"花蝴蝶继续说："别工作了，日后有的是时间。趁着这大好的时光，咱们一起跳舞，这多快乐啊。"小蜜蜂冷静地说："不了，我要采蜜。时间流走了就不会再回来了，你也赶快劳动吧，要不等到了花儿都凋零的时候，你会后悔的。"花蝴蝶冷笑一声，讥笑着说："都像你一样卖力地工作，那生活多没意思。我才没你那么傻，我自己跳舞去了。"

花蝴蝶飞走了，小蜜蜂仍旧在专心致志地采蜜。花儿对它连连称赞："小蜜蜂你真勤快，你一定会有大收获的！"喇叭花也为小蜜蜂吹起了劳动的号子。

秋天到了，草木枯黄，花朵凋零，一切都衰败了。小蜜蜂家里装满了一坛坛香甜的蜜糖，它享受着自己的劳动成果，那才真是悠闲自在呢。而花蝴蝶家里却空荡荡的，什么粮食也没有。花蝴蝶觉得肚子饿了，这时候它才意识到自己真的做错了："我错怪了小蜜蜂，还说它傻，其实我比它更傻，只会玩，到最后还不是得遭殃！"第二年的时候，小蜜蜂招呼花蝴蝶出来一起玩，却发现花蝴蝶已经被饿死了。

我们都知道，天底下从来没有免费的午餐。人生于世，想要有所收获就一定得付出辛苦的劳动，正所谓"一分耕耘，一分收获"。天上不会真掉馅饼，虽说付出了不一定就能得到收获，但是，没有付出却注定会一无所获。你看那些美丽的花朵，春天来到它们就争奇斗艳，一阵风吹过，展示自己的独特舞姿，点缀着那绿油油的小草。它们是那样的美丽，把蝴蝶和蜜蜂都给引来了，人类也被它们的美丽所倾倒。有人问，这些花儿那么美，供人欣赏，这也是它们的付出，为什么却看不到它们的收获呢？细心的呢肯定会看到草坪上挂着"爱护花草"的牌子吧？这就是它们的收获啊。正因为它们的美丽和对环境的益处，人们对它们加以保护。那些园丁不是天天来给花儿浇水吗？这也是它们的收获。它们之所以有这样的收获，是因为有之前的付出。

人生如果没有耕耘，纵然机会已来到面前，也只会失之交臂。许多人都想不劳而获，但在人生的道路上，只有耕耘才会有收获，只有付出才会有好结果，这是一成不变的真理。请做一个勤劳的播种者吧！即使不知道明天会不会有所收获，但播下的种子仍带着希望的光芒。只有春天辛勤耕耘，秋天才会收获甜美的果实。

上天对每个人都是公平的，请不要抱怨上天赐予的太少，成功从来都是靠自己去争取的。一颗干瘪的种子，只要用心去耕耘，用希望去浇灌，它必定会在不经意间绽放出人意料的美好。请不要害怕艰辛，它不过是人生路上的小山丘，越过去就是幸福、美好的明天；请努力耕耘，让种子茁壮成长，结出硕果。这过程会十分艰辛，你会坚持，还是会半途而废呢？

3. 天上不会掉馅饼

要知道天上不会凭空掉下一个馅饼来，即使掉下来了，也不一定恰好落到你的头上。所以要获得"好运"，就要发挥主动性，寻找到"馅饼"的落点，稳稳地接住它。

我和妻子离家的时候，家乡的情况很不好，但是我们发现新地方的情况也不好，这里有许多像我们一样的人，没有合适的工作岗位。我在家乡受过良好教育，成绩优秀，获得了行医执照。但在这里我谁也不认识，根本不能指望病人找我看病。去医院求职更无望，因为从医学院毕业的高才生都很难在医院找到工作，当然别指望他们给我留个职位。我和妻子都很着急，我们有一点儿钱，可撑不了多久。但是，枯坐着干搓手无济于事。由于找不到工作，我们决定到乡下看一看。我们买了一辆旧车，开始上路。我们在旅途中的所见所闻令人十分高兴。乡下的情况比城里好，妻子说：为什么不当一名乡村医生呢？

我对她说："别心血来潮了，人们都对外地人存有戒心，我的口音这么重，怎能指望在这种地方做医生呢？再说，你一定清楚，每个镇子都有医生。"

可是，只要妻子有了想法，再劝说也没用。从那时起，每当我们停车休息，她都会对路过的人说：这个镇子需要医生吗？

当然，人们都以为她很怪，回答说不需要。我求她别问了，我说："求求你，这太让人难堪了。"可是她毫不在意。她是必须有事可做的女人，要不然就不高兴。后来我甚至讨厌停车，因为人一靠近，她马上就会问：你们这儿需要医生吗？

几周后，妻子也有些灰心。一天，我们正在开车，我说："别说那些废话了。"她说："或许你是对的。"说完我们停下来休息。这时妻子与身边的人搭话。我还没来得及阻止她，她已经又提出那个老问题。让我惊讶的是，一个男人伸出头来说："你提这个问题，太有意思了。我们那个地方的老医师两天前刚得病死去，我们正想着尽快从外面请个医师来呢。"

妻子对我说："你看，机会来了！"于是，我们到这里跟当地人谈了谈，就开起了诊所。从那以后，一切都很顺利。我们交了许多朋友，再也不想搬家了。

成功不会降临在一个只会空想的人身上。

哈同，1872年来到中国上海谋生，当时他24岁，年轻力壮，但身上除了穿着外，几乎一无所有。他立志来中国赚钱发财，但自己一无资本，二无专业知识和技术。他决心从一个立足点开始，因自己身材魁梧，便在一家洋行找到一份看门工作。

哈同在当看门工时，非常认真，忠于职守。晚间，他利用一切可用的时间阅读各种经济和财务的书籍，知识增长很快。老板觉得此人工作出色，脑子灵活，便把他调到业务部门当办事员。哈同一如既往，工作业绩不错，逐步被提升为行务员、大班等。这时，他的收入大为增加了。胸怀壮志的他，并没有因此而知足。他认为自己创业时机到了，1901年，他离开了打工岗位，开始独自经营商行。

哈同给自办的商行取名为"哈同洋行"，为了赚取更多的钱，他看准了洋货市场。因洋货在中国市场上竞争品不多，消费者难以"货比三家"，因此，他的经营获得了高额的利润，市场不觉间也扩大了。

几年间，他赚了许多钱。随着资本的增多，哈同没有放缓自己的脚步，开始经营起买卖土地和放高利贷业务。另外，他自己也投资建造楼房供出租，从中获取惊人的利润。就这样，他成了大富豪。

巨商大多是白手起家，刚刚从业时一般多从事最底层的工作。他们的一大共性是都能将平凡的工作干得出色进而走向成功。

洛克菲勒16岁开始为一个小商人做会计助理，因工作有条不紊、精细认真深受老板赏识；钻石大王彼德森16岁到一家珠宝店当学徒，敲敲打打一丝不苟,仅5个月手艺就得到师傅的认可;股市超人约瑟夫·贺希哈从14岁到17岁伏案画股票行情图,一画就是三年。类似的事例还有很多。

"别想一下就造出大海,必须先由小河川开始。"反观某些人,不屑于做小事只想做大事,结果不仅缺乏根基,而且信心屡屡受挫。

馅饼不会从天上掉下来,等是永远等不来的,实干才是获得它们的最快途径。实际上,只要你下定决心,不消极等待,而是积极地面对,主动出击,虽然可能会遭遇失败,但终究会抓到机会,交上好运。

4. 要重视知识的积累

我们一生当中也许会遇到许多事情,每一件事里都蕴涵着人生的大学问。我们也读过许多书,每一本书里也都有我们需要掌握的知识。但我们的人生很短暂,时间的仓促不容许我们去涉猎太多的东西,就像我们给自己定了一个要在中午之前登上山顶观光的目标就不能留恋山腰的景致一样。我们的学习也是有目标的学习。如果给自己定了一个目标就应该全力以赴地吸收在这个领域发展的知识,而不要留恋其他的知识。比如,你想成为一名数学家,就该重点学习数学,而把数学之外的文学知识当做一门辅助科目去学习,而不能顾此失彼。

福特少年时,曾在一家机械商店里当店员,周薪只有2美元多一点。他自幼好学,尤其对机械方面的书籍更是着迷。因此他每星期都花两元多钱来买书,孜孜不倦地研读,从未间断。

当他和布兰都小姐结婚时,只有一大堆五花八门的机械杂志和书籍，其他值钱的东西则一无所有；但他已拥有了比金钱更宝贵、更有价值的机械知识。

几年后，福特的父亲给他200多平方米的土地和一栋房屋。如果他未研读机械方面的杂志书籍，终其一生，也许只是一个平平凡凡的农夫而已。但"水向低处流，人往高处走"，已具有丰富机械知识、胸怀大志的福特，却朝他向往已久的机械世界迈进。此时，从书本上得来的知识，便助他开创出一番大事业。

功成名就之后，福特曾说道："积蓄金钱虽好，但对年轻人而言，学得将来经营所必需的知识与技能，远比蓄财来得重要。""年轻的朋友，先把钱投资于有益的书籍吧！从书上可学到更大的能力。至于储蓄，有了充分的能力致富后，开始蓄存还来得及。"

"书到用时方恨少。"知识的积累只有达到一定的数量，才能发挥应有的功能。

在知识的积累中，最重要的是要有目标。有目标的积累最有效，这是因为：有了目标，才谈得上有计划。目标不清楚，就无从制订计划，也做不成任何一件事。有了目标，才能明确"积"什么，"累"什么。缺乏内在联系的知识，或虽有联系但彼此相隔太远的知识，积累得再多，也难以发挥作用。有了目标，才可能判断知识的相对价值。

知识都具有或大或小的价值，但是对于不同的立志成才者来说，它们的价值又具有相对性，并不一样。语言对于学习历史、哲学、文学的人价值很大，可是对学现代物理的人价值就小多了。因此，应根据自己的需要，选择最有用的知识。可见，只有明确目标，才能在较短的时间内掌握较多的知识。

积累知识，还要注意一定阶段内求知的限度。一个什么都想学，什么都想积累的人,最后什么都学了一点儿,却什么都不精通,那就等于白费。

一位教育学家指出:"你的周围有一个浩瀚的书刊的海洋,要非常严格慎重地选择阅读的书籍和杂志。钻研和求知欲旺盛的人总是想博览一切,然而这是做不到的。要善于限制阅读范围,要从中排除那些可能会破坏学习制度的书刊。"

讲求知的"限度",为的是建设好一个人知识结构的框架,并不是说其余一概不看,一概不读。积累知识,并不是为了堆集材料,而是为了组成一定的结构,发挥知识的功能。这就要考虑知识的整体效应。

那么,作为精神世界的结构——知识结构,应该怎样强化它的整体效应呢?

(1) 突出知识结构的特色。所谓知识结构的特色,主要是由其核心决定的,在知识结构中,核心决定结构的性质与功能。这个核心的构成是复合的,不是单一的。但是一般都有一门、两门知识占有较大的比重。比如,物理学人才知识结构核心多是由物理学、数学组成。

(2) 要使知识系统化。系统化就是按照科学的内在联系组织知识,使其能在课题面前有效地解决问题。达尔文认为:"科学就是整理事实,以便从中得出普遍的规律或结论。"别林斯基也认为:"只要一涉及科学,那么主要的事就是讲究有系统、有秩序。"知识系统化,不仅是发挥其功能的前提,也是科学本身的重要特征。

(3) 要注意知识间的相互联系。注意知识间的相互作用,实质是掌握知识间的融会贯通,不要把任何一门知识或一门知识的某一部分凝固化。同时,要从整体结构上去把握知识之间的纵横联系,使自己的知识熔于一炉。比如,地理学与历史学之间有着紧密的联系,历史事件的发生总是不能脱离一定的空间、时间。学好地理有利于学好历史,学好历史也可以促进学好地理。

（4）实行灵活的求知动态调整。合理、高效的知识结构不是一成不变的，而是动态发展的。时代在不断地发展变化，人的认识要想不落伍，就得不断调整，才能与之相适应。

调整的基础有两个，一为反馈，一为预测。反馈是适应性的，预测是主动性的，两者都不可忽视。例如爱因斯坦，在他读大学的时候并没有认识到数学在他研究物理学中的重要地位，上数学课常让同学代他做笔记。可是，到后来攻占相对论高地的时候，没有数学工具——黎曼几何、能量分析几乎寸步难行。信息传来，他马上进行补充数学知识的长征，经过几年的努力，他终于驾驭了数学工具，完成攻克相对论理论高地的目标。

调整是为了提高知识结构的完美性，但是世界上并没有一种至善至美的结构。追求知识结构的完美无缺，并不是我们的目的。要紧的是，使自己的知识结构具有攻克成才目标的功能。

5. 做一个有自信的人

普通的人都有一个通病，那就是假如他在某一方面缺少特殊的才能，他就不再想努力，以为努力也是枉然。但是还有许多人，在最初的时候其实与常人无异也没有特殊的才能，但终于成功了。这是由于他们的自信力要高过一般人，并能以自信力作支柱去努力奋斗，终获成功。一个人不去实地试验，就永远不会知道自身的身体里究竟有多少才能与力量。

与势力、资本以及亲戚朋友的扶持相比,自信力更为重要,它对人的成功具有不可思议的力量,自信力能使人们克服困难、成就事业、完成发明。

每一个人都能实现自立自助地独立生活,但是在实际生活中,只有少数人可以实现真正的自立自助生活。当然,依赖他人,追随他人,让人家去思想、去策划、去工作,这自然要比我们自己去思想、去策划、去工作要容易得多,也惬意得多。

因此,一个人一旦有了依赖的观念,以为有人会供给自己所需要的一切,他就会丧失勤勉努力的精神。

有的人想要给予他们的子女以相当的凭借,使其在世上不至奋斗得太艰苦,这种做法实际是在不知不觉中给孩子以祸患。给孩子所开辟的出路,也许就是给予他们的挫折。青年人应有自立自助的能力,可惜大多数青年人,都易养成依赖的习惯,如果有了拐杖他们就不想自己走路;如果有了依赖他们就不再想独立了。可以充分发展我们的精力与体力的不是外援,而是自助;不是依赖,乃是自立。

世界上只有摆脱了依赖,抛弃了拐杖,具有自信,可以自主的人,才能获得成功。自立自助是进入成功之门的钥匙,是获得胜利的象征。

在风平浪静时,显不出驾驶航船的船长是否训练有素、是否富有经验。可以看出船长的真实本领是在狂风暴雨、波涛汹涌、船将颠覆、人人惊恐的时刻。同样,也是在失败后的挣扎、奋斗时,才能显出一个人的机智。

当人自立自助时,就开始走上了成功的坦途。抛弃依赖之日,就是发展自己潜在力量之时。

外界的扶助,有时或许是一种幸福,但更多的时候情况恰恰相反。供给你金钱的人,其实并不是你最好的朋友;而只有鼓励你自立自助的人，才是你真正的好友。

一个身体健全的人假如依赖他人，就会感到自己不是一个完整的人。一个人有了职业、自立自助的时候，他才能感到自由自在、无比幸福。

许多人之所以在社会上无所作为，是由于他们贪图省事，或是缺乏自信，不敢照着自己的意志去做。东去询问，西去探访，事事要经得他人的同意认可，才敢决定，这样缺乏自立自助精神，怎会有所作为呢？

一个人不敢表现自身的能力，表达自己的意见，实为人生的奇耻大辱。照着自己的意念，增强自己的信心，努力去做，必然能获得美满的结果。

世界上只有哪些有责任心、肯负责任的人，才能获得成功；只有那些言必行，行必果的人，才能成就大的事业。要承担起对事业的责任，首先必须要有坚强的自信力，要始终自信做任何事情都能成功——便可以成功！

很多人一遇到挫折便心灰意冷，精神沮丧，他们认为命运在和自己作对，再挣扎也毫无益处。只要你注意所见所闻，你就会发现不少成功者都曾经失败过，甚至全部破产，但是由于他们有勇气、有决心，始终没有被击垮，依然在努力地坚持着，盼望东山再起。

每一个人应该始终保持自己的勇气，不论困难怎样大，挫折怎样严重，也不要使自己的意志消沉下去。有些人那种永无定见、瞻前顾后的做事习惯，无异是自己前途的拦路虎。这些人就好像浮在水面的死鱼，随着水流东漂西荡；而一条鲜活的鱼能够在水里逆流而上。

试看世界上所有事业的失败，大多数并不是因为经济上的损失，而是因为缺乏自信。

人生最大的损失，除了丧失人格之外，就要属失掉自信心了。当一个人缺乏自信心时,任何事情都不会做成功,正如没有脊椎骨的人是永远站不起来的。

世上没有什么真正的困难障碍可以阻挡一个勇敢者、坚毅者的前进道路。班杨被投入了监狱后,依然写出著名的《圣游记》;密尔顿被挖掉眼睛之后,依然写出了《失乐园》;帕克曼能写成《加利福尼亚与俄勒冈小道》,靠的也是他一往无前的决心;英国邮政总局长夫奥西特所以能有今天的地位,也必定是靠他的毅力。像这一类成功者的例子不知有多少,而他们的成功都是以沉着、坚韧为代价的。

一个人的潜能就像水蒸气一样,其形其势无拘无束,谁都无法用有固定形状的瓶子来装它。而要把这种潜能充分地发挥出来,就必须要有坚定的自信心。

眼光敏锐的人可以从路过身边的人中指出哪些是成功者。因为成功者走路的姿势、成功者的一举一动都会流露出十分自信的样子。从他的气度上,就能够看出他是一个自立自助、有自信和决心完成任意工作的人。一个人的自主自助、自信和决心就是他万无一失的成功资本。同样,眼光敏锐的人也能随时随地看出谁是失败者。从走路的姿势和气质上,能够看出他缺乏自信力和决断力;从他的衣着和气势上能够看出他不学无术;并且他的一举一动也显露出他怯懦怕事、拖拖拉拉的性格。

事业最初如一棵嫩芽,要它成长、要它茁壮,必须要有阳光去照射它。立即鼓起勇气、振作精神,努力去排除所有妨碍成功的可恶因素,学习怎样去改变环境,怎样去扫除外界的阻遏势力。任何事情,你都应往成功方面想,而不可以整天唉声叹气地去思虑失败后处境将是怎样的悲惨。

不论你限于何种穷困的境地,一定要保持你那可贵的自信力!你那高昂的头不论如何不能被穷困压下去;你那坚决的心无论如何不能在恶劣的环境下屈服。你要作为环境的主人，而不是环境的奴隶。你无时无刻不在改善你的境遇；无时无刻不在向着目标迈步前进。你应当坚定地说：你自己的力量足以实现那一事业，绝对没有人可以抢夺你的内在力量。你要从个性上做起，改掉那些犹豫、懦弱和多变的个性，养成坚强有力的个性，把曾被你赶走的自信心和一切因此丧失的力量重新挽救回来。

6. 勇于超越自己

每个人都有一大堆的愿望，但大多数人却很难踏上实现的征程，因为他们缺乏勇气。在他们看来，理想和现实的差距好比天上和地下，他们凭借自己的力量不可能实现目标。他们因为恐惧而主动放弃了选择，因此也错过了成功的机会。

林肯曾经说过：有些事情人们之所以不去做，只是因为他们认为不可能。而许多不可能，只存在于人们的想象之中。只有你大胆做出选择，才会知道原来自己的潜力是无限的。

IT界"打工皇后"吴士宏生于60年代，曾是北京椿树医院的一名护士。她不甘心一辈子做一名普通的护士，因为她相信命运有无数可能等着她。凭着一台收音机，她用一年半的时间，学完了许国璋英语三年的课程。后来，吴士宏决定到世界500强之一的IBM公司应聘。当时，IBM公司的北京办事处设在五星级的长城饭店。去应聘的时候，吴士宏在酒店门口足足站了5分钟，研究如何通过那扇转门。最后她鼓起勇气，穿过了那扇转门，走进了 IBM 公司北京办事处。凭着扎实的基本功，吴士宏顺利通过了两轮笔试和一轮口试。最后，主考官问她会不会打字，吴士宏想都没想就说："会！"

"那你的打字速度是一分钟多少字？"

"贵公司的要求是多少？"

主考官说了一个数字，吴士宏马上承诺说可以。她一边说，一边环视着四周，发现面试的地方没有一台打字机，这才松了口气。虽然她尽力让自己表现得很自信，其实她当时心里很虚，因为她从来没有摸过打字机。这其实是一个很冒险的事情。

果然，主考官说下次再进行打字方面的测试。

面试刚结束，吴士宏就飞快地跑回去，借了170块钱买了台打字机，废寝忘食地敲打了一个星期，直到双手累得拿不住筷子。功夫不负有心人，短短几天，她已经接近了专业打字员的水平。不过，为了买打字机而欠下的债务，直到几个月之后她才还清。

就这样，吴士宏成了这家世界著名企业的普通一员，工资从四十几块一下变成二百多块，她为这个进步而感到欣慰。刚进入 IBM 的时候，吴士宏只是一个蓝领勤务，干的是打扫卫生、沏茶倒水等杂活，这一度让她感到很自卑。有一次，吴士宏上街买了一大堆文具，回来时却被门僮拦在门口，要检查她的外企工作证，偏偏吴士宏忘了带外企工作证。作为 IBM 的非正式员工，她也没有胸牌。就这样两人僵持在门口，进进出出的人们投来异样的目光，这让她感到自己受到了莫大的侮辱。十几分钟后，有个 IBM 的同事经过，帮她作证，门僮这才放行。事后，吴士宏躲进洗手间泪流满面，她暗暗发誓：再也不要被人拦在门外，别管是什么门！

吴士宏找到人事部经理苏珊·凯文，用流利的英语作了自我介绍，想让凯文破例给她一次机会，允许她参加 IBM 专业人员的招聘考试。她恳切地说："苏珊，请给我一次机会，考不上我自己不后悔；要是我能考上，我不会让 IBM 后悔！只请求你给我一次考试的机会！"这是一次挑战。

吴士宏终于在 1986 年 7 月正式转为专业学员，并于次年 5 月成为销售员。出色的销售业绩，让她在 IBM 迅速升迁，从普通的销售经理到华南区总经理，再到 IBM 中国销售渠道总经理，成了中国的"打工皇后"。

吴士宏的奋斗史，向我们演绎了一个不甘平庸，敢于接受挑战的传奇。当护士的时候，她由于不甘心一辈子从事这种职业，因此努力学习英语，这才得到了到 IBM 面试的机会。面试时，从没摸过打字机的她，却夸下海口，然后用短短几天时间学会打字；作为 IBM 的新人，用她自己的话来讲，从事的"完全是脑袋以下肢体的劳作"。然而，她能够大胆向人事部门推荐自己，从而如愿以偿进入销售部门。而在 IBM 众多的销售员中，吴士宏起先也不算出众，但她为自己定下了"领先半步"的目标，然后全心投入，迅速成为 IBM 顶尖的销售经理……每一步都是一个挑战，而作为一个职场女性，吴士宏之所以能创造这一个个奇迹，并成为所有职场中人的楷模，归根结底是源于一颗不甘平庸的心。

如果当初吴士宏在一个个"不可能"的面前，因恐惧失败而退却，而放弃尝试的机会，那么她就不可能获得成功，她也将平凡。没有勇敢的尝试，就无从得知事物的深刻内涵，而大胆作出决断了，即使得到了失败的结果，也由于对实际痛苦的亲身体验，而获得宝贵的经验。很多时候，事情并没有我们想象中那么困难，大胆的做出选择，勇敢的迈出第一步，成功就将属于你。

7. 习惯决定未来

著名绘本作家几米的作品《向左走向右走》中有这样一段文字："迷宫般的城市，让人习惯看相同的景物，走相同的路线，到同样的目的地，习惯让人的生活不再改变。习惯让人有种莫名的安全感，却又有种莫名的寂寞。而你永远不知道，你的习惯会让你错过什么。"

回头审视一下自己，我们是不是就如几米说的一样沦陷在习惯当中。每天按时起床，在固定的时间出门，在同一家早点铺子买早点，坐同一路公车去上班。我们已经习惯了这样的模式，并不觉得有什么不妥当。但是，如果你有另外一双眼睛，你就会发现在每天习惯性的时间表里，你错过了太多的惊喜：在你出门前十分钟，天空云雾蒸腾，七彩的朝霞绚丽得不可思议，但是你晚了所以看不到；那家奶茶店隔壁的咖啡吧，每天都有一位女孩跟你同一时间来买咖啡，也许你会对她一见钟情，但你习惯喝奶茶，所以没有机会遇见她。一切的一切就如同《向左走向右走》里的那对男女一样，因为一个习惯，错失了很多美好的相遇。

习惯将我们局限在一个小圈子里，造成了放弃这种习惯生活就会乱套的假象。而实际上，当我们换个角度跳出原有惯性思维的框框时，可能会有意想不到的收获。遗憾的是，大部分人总是倾向于按习惯做事。殊不知这种惯性很多时候都会让我们在老路上打转，失去了使人生达到一个新境界的机会。

一个村子里有个年轻人整天都想发财，每每听到哪里有财路便不辞辛苦去寻找。有一天，他听说附近深山中有位白发老人，若有缘与他见面，则有求必应，肯定不会空手而归。于是，年轻人便连夜收拾行李上山。

他在山里苦等了5天，终于见到了传说中的老人，他向老人请求赐珠宝给他。老人告诉他："每天早晨，太阳未升起时，你到村外的沙滩上寻找一颗心愿石。其他石头是冷的，而那颗心愿石却与众不同，握在手里，你会感觉到很温暖而且有光亮。一旦你寻到那颗心愿石，你所祈祷的东西就可以马上实现了。"年轻人很感激老人，道谢后就赶回村里去了。

从此以后，年轻人每天清晨便到沙滩上去捡石头，发觉不温暖也不发亮的，他便丢到海里去。日复一日，月复一月，那个年轻人在沙滩上寻找了大半年，始终也没有找到温暖发光的心愿石。

又是一个清晨，他如往常一样，在沙滩上开始捡石头。发觉不是心愿石，他便丢到海里去。一颗、两颗、三颗……突然，年轻人发疯似的向海里奔去——因为，他刚才习惯性地将一颗石头随手丢下海后，才发现它是温暖的。

故事中的年轻人找到了心愿石，他所祈求的财宝马上就要成为现实了。可是，他一个习惯性的动作就将所有的努力都化成了泡影，令人遗憾不已。正如杰克·坎菲尔德说的一样：如果你希望自己出类拔萃，也希望生活方式与众不同，那么，你必须明白一点——你的习惯决定着你的未来。

西方有一个国家从来没有马。为防止外敌入侵，国王就省出一部分国家经费，派人四处寻找，终于买来了500匹马。

马养了很长时间，国家也没有战事。国王想："养着500匹马，费去不少食料，饲养也很麻烦，却并没有派上用场。"他命令养马的马倌：

"蒙上马的眼睛,牵它们到马房去干活。这样它们可以自食其力,免得白用国家经费。"

于是,马都去磨磨了,天天绕着磨盘转。时间一长,这些马就只会转圈了。

后来,邻国忽然出兵入侵,国王下命令:"把马牵出磨房,整装备战。"

将士们跨上马,雄赳赳气昂昂地上阵了。他们按照一般作战的方法扬鞭策马,准备冲向敌阵。可整日里习惯于在磨房里转圈的那些马却没有一点冲向敌阵的意思。挨过鞭子后,它们只是在原地转圈,没有一点冲刺的架势。敌军见了,知道那些马没什么能耐,立刻出兵进攻。国王的军队兵败如山倒,很快就覆灭了。

惯性的思维模式和生活方式,是人生的一种无形枷锁。每个人都有各种各样的习惯,习惯每时每刻都在影响着我们的生活。许多人之所以终生碌碌无为,与成功无缘,就是因为他们养成了许多不良习惯。这些坏习惯就像一堵墙,把他们与成功无情地隔开。对于这些习惯,我们一定要努力摆脱它的束缚,别让它一点点拉开我们与成功人生之间的距离,更不能让习惯左右我们的命运。人只有学会突破墨守成规的思维习惯,遵从自己的行动规则和做事的风格,才能一步步接近成功。

8. 每天都是一个新的开始

人生是一连串不停的奔波,我们总免不了跌倒或无端的迷失。当我们孤独无助,当我们不由自主地尴尬,或者当我们碰壁的时候,抱怨只是一种无可奈何的发泄，似乎更是苍白的。不如向前试试，你的人生将永不停止。

英国前首相乔治有一个习惯：随手关上身后的门。

有一天，乔治和朋友在院子里散步。他们每经过一扇门，乔治总是随手把门关上。

"你有必要把这些门都关上吗？"朋友很是纳闷。

"哦，当然有这个必要，"乔治微笑着对朋友说，"我这一生都在关我身后的门。你知道，这是必须做的事。当你关门时，也将过去的一切留在后面，不管是美好的成就，还是让人懊恼的失误。然后，你才可以重新开始。"

人的一生会遇到很多很多的事情，一切机遇会来，一切厄运会走。在每一个机遇中把握自己，在每一个风波中保护自己，这就是人生的历程。但是，不管怎样，我们都要明白，眼前遇到的每一件事情最终都会成为历史。有太多美好的东西，我们享受当下，但这美好总会过去；有很多苦难的事情，我们也要坦然面对，因为这苦难也会被时间尘封。

每天都是一个新原点，记得随手关上身后的门，学会将过去的失误、错误通通忘记，不要沉湎于懊恼、后悔之中，一直往前看。这时你会发现，我们在每一天里重新诞生，每一天都成为我们新生命的开始。

一个国王在梦中得到一句箴言，可以终生受用。有人告诉他：在这个世界上，你只要记住这句话，你这一生都将忘怀得失，能够安然度过任何大宠大辱。

但是，当国王醒来后，他竟然把这句话忘记了。有一言可以行之终生，这么重要的一句话，到底是什么呢？国王百思不得其解。他就倾尽宫中所有的钱财打造了一个巨大的钻戒，对所有的大臣们说："你们去给我找找这句话。谁把这话找回来，我就把这个钻戒赏给谁。"

有一天，一个最聪明的老臣对国王说："把你的钻戒先给我吧！"

国王说："你找到了吗？"

老臣不说话，拿过钻戒来，在钻戒的指环上刻了一句话，把钻戒又还给了国王，扬长而去。

国王一看，恍然记起了梦里正是这句话，一句很简单的话，叫做："一切都会过去。"

我们每个人都应该记住这句话。光荣会过去，耻辱会过去，辉煌会过去，苦难会过去。我们现在经历的一切都将成为过去，如果能这样想的话，你还有什么放不下的呢？

在心理学上有一个概念，叫做空杯心态。所谓空杯心态，最直接的含义就是一个装满水的杯子很难再接纳新东西。就是要将心里的杯子倒空，将自己最重视、最在乎的很多东西以及曾经辉煌的过去从心态上彻底清空。

要想获得更大的成功，就不能守着过去的荣誉，而要永远盯着下一个目标。只有将过去的荣誉看成一杯已经倒掉的水，才有足够的地方装进新的成功、新的荣誉。如果总把眼光紧紧盯住过去的光环，陷在曾经的荣誉里不能自拔，不仅无法再向前迈进一步，甚至还有可能倒退。

对汽车稍微有点了解的人，都知道"法拉利"这个名字，赛车手和赛车迷都亲切地称它为"红衣少女"。然而，这位迷人的"红衣少女"，也曾陷在荣誉里不能自拔，差点走到破产的边缘。1988 年，法拉利汽车制造公司创始人辞世。此后，法拉利元气大伤，一下子蜕变为"金玉其外，败絮其中"的"街头浪女"，濒临破产的边缘。

1991年11月，新任CEO卢卡迪·蒙特兹莫洛走马上任。

他上任后，一眼就看出了法拉利陷入困境的死穴所在：一味崇拜曾经的荣誉，在设计上只以速度为荣，却忽略了市场的新需求。

过去，法拉利的创始人恩佐法拉利设计制造跑车的唯一目标就是：速度！

速度使得法拉利以其独具的魅力，迅即成为世界跑车市场的新宠。

但它的缺点也显而易见：普通人驾驶不太舒适，仅仅对专业赛车手和飙车族有吸引力。这也让法拉利无法"飞入寻常百姓家"，成为销售上的最大瓶颈。

与此同时，蒙特兹莫洛深入到经营管理最底层，由此真切感受到了产销方略的严重滞后。

换言之，法拉利曾经的荣誉已成了沉重的包袱，成为阻碍它前行的拦路虎。

面对这些，蒙特兹莫洛意识到：只有从曾经的荣誉中走出来，法拉利才有起死回生的可能！

之后，他大刀阔斧地对法拉利进行了全方位改革，一改传统的产销理念，在全新创意促销上下了很大的工夫。

此外，蒙特兹莫洛又一反过去的设计理念，面向普通消费者推出了低价位、高舒适、普及型超级跑车。

就这样，历经风风雨雨之后，法拉利终于迎来了产销两旺的红火好年景。

法拉利的沉浮告诉我们，荣誉只能证明过去，而不必将它扛在肩上,也不必将它放在心中。否则,荣誉就会成为绊脚石。对于一个具有空杯心态的人来说,荣誉不是炫耀的工具,而是用来超越自我、促使自己迈向更大成功的动力。

9. 试着从多个角度考虑问题

善于为人处世的人,往往都能从多个角度去分析和思考问题,有时候还会用代入的方式去研究问题。毕竟事物的发展都不是孤立的、片面的,换一个角度看待问题可能就会产生截然不同的感受。而且多角度地研究问题,也更容易找到问题的根本所在,更容易去解决问题。

智利首都圣地亚哥的埃尔科兹酒店的电梯装载量不够,酒店招集了一些专家和工程师来讨论,看怎么解决这个问题。结果大家意见一致:多装一部电梯。但是这需要从底层起,每层楼都进入施工。正在工程师和建筑师们到会议室讨论安装事宜的时候,正在拖地的清洁工人听他们说要给每个楼层打洞,就说:"那就要乱得不得了。"

"当然,不过我们会处理好的。"一个工程师说。

另一个人说:"如果不得不暂且休业的话,我们也只能这么做了,因为不装一部电梯不行啊。"

清洁工人拄着拖把,看着他们:"你猜如果让我来干的话,我会怎么干?"

一位建筑师好奇地问:"你会怎么干?"

"我会把电梯安装在酒店的外面。"

建筑师和工程师们面面相觑。

后来，他们真的把电梯装在了酒店的外面。这是建筑史上的第一次建筑革命。

人们往往会被固有的常识给困住，思维都在一个圈圈里打转，谁能突破这个桎梏，谁就是天才。

为人处世也是一样，不要总是依照旧俗常规来做事，偶尔另辟蹊径也会有惊喜。

公元前293年，秦国与齐国连横之后，向韩、魏两国发动了大规模的进攻。韩、魏两国面临共同的威胁，但他们之间貌合神离，互相之间并不信任，也不愿意真诚合作，而是互相推诿，谁都不愿意打先锋，结果连连败北。后来魏国为了自身的利益，企图将韩国抛在一边，单独同秦国议和，形势变得对韩国十分不利。

这时有一位谋士对韩相公仲说："双胞胎的长相非常相似，只有他们的母亲才能分辨清楚；利与害在表面上也很相似，只有明智的人才能分辨清楚，看透它们的本质。您的国家目前正面临着利与害相似的情形，也需要由明智的人把它们分辨清楚。如果能采取正确的处理方法，就能尊卑有序、各安其分，否则就会败坏纲常、带来祸患。如果秦魏联盟不是您促成的，韩国就面临遭到秦魏图谋的危险；如果韩国追随魏国去讨好秦国，那样韩国将依附于魏国并遭到轻视，韩国国君在诸侯中的地位就降低了。那时候，秦王就要把他宠信的人安插到韩国做官，这样您的处境就危险了。"

谋士层层递进地分析、引申出如何判断当时的政治局势后，又说："从目前的形势分析，你不如主动去撮合秦、魏进行和谈。两国和谈成功与否，对于韩国都会很有利。若和谈成功，是你穿针引线撮合而成，韩国就成了秦魏联合的门户，既可以受到魏国的推崇，也可以得到秦国的友善。再说,秦魏不可能永远互相信任,秦国会因为得不到魏国的援助而发怒,一定会亲近韩国而远离魏国。魏国也不会永远服从于秦国,一定将设法亲近韩国而防备秦国。这样您就可以像选择布匹随意剪裁一样轻松。由此可见,如果秦魏联合,它们都会感谢您;如果秦魏分裂,两国又都会争取您。这样做,进退对韩都非常有利。希望您能下定决心。"

从中可以看出,这个谋士不只是站在韩国的角度看待问题,而且还是从全局观察,从而得出化被动为主动的办法——主动撮合秦魏和解,同时取信于两国,使整个局面向着有利于韩国的方向转化。

这就是从多角度考虑问题的优势,也是灵活应变的一种表现,不仅对于政治上的风云变幻可以灵活反应,应用在人际交往中,也能够善察利害,化被动为主动,找出问题的根本。

10. 机会属于有恒心的人

不管一个人经受了多少打击,也不管他经历了多少苦难,只要有恒心、耐力和毅力,总会找到生机。哪怕是那种不得不隐忍等待的时候,也会抱有希望和梦想,因为他们知道,只要忍耐就一定可以渡过难关。

卖花的老太太微笑着,又老又皱的脸上荡着喜悦。不知是被什么样的情绪所激动,我挑了一朵花,对她说:"今天早晨你看起来很高兴。"

"为什么不呢?一切都这么美好。"她穿得相当破旧,身体看上去很虚弱。因此她的回答令人大吃一惊,我不由自主地说:"你很能承担烦恼。"

"耶稣在星期五被钉在十字架上的时候，那是全世界最糟糕的一天，可3天后就是复活节。所以，当我遇到麻烦时，我就学会了要等待3天。只要等待3天，一切就都恢复正常了。"她接着说，然后向我说再见。

从此，我一碰到麻烦，那个卖花的老太太的声音便回响在耳边："等待3天。"

忍耐是需要勇气的：对一个理想或目标全身心地投入，而且要不屈不挠，坚持到底，百折不回。懦弱的人根本做不到。就像白朗宁所说："有勇气改变你能够改变的，愿意接受你无法改变的，并且明智地判断你是否有能力改变。"

王猛出生在青州北海郡剧县，年幼时因战争动乱，他随父母逃难到了魏郡。在王猛年轻的时候，曾经到过后赵的都城——邺城，这里的达官贵人没有一个人瞧得起他，唯独有一个叫徐统的，见了他以后非常惊奇，认为他是一个了不起的人物。于是，徐统召请王猛为功曹，可是王猛不仅不答应徐统的召请，反而逃到西岳华山隐居起来。因为他认为自己的才能不应该干功曹之类的事，而是应该去帮助一国之君来干大事，所以他隐居在山中，静观时势变化，等待机会的到来。

公元351年，氐族的苻健在长安建立前秦王朝，力量日渐强大。354年，东晋的大将军桓温带兵北伐，击败了苻健的军队，把部队驻扎在灞上。王猛身穿麻布短衣，径直到桓温的大堂求见。桓温请他谈谈对当时局势的看法。王猛在大庭广众之中，一边把手伸进衣襟里去捉虱子，一边纵谈天下之事，滔滔不绝，旁若无人。

桓温见此情景，心中十分惊奇，他对王猛说："我遵照皇帝之命，率10万精兵，号称正义之师前来讨伐逆贼，为百姓除害，以安天下。

可是，关中豪杰却没有人到我这里来效劳，这是什么缘故呢？"王猛直言不讳地回答说："您不远千里来讨伐敌寇，长安城近在眼前，而您却不渡过灞水去把它拿下来，大家都揣摩不透您的心思，所以才不来。"

桓温沉默良久。王猛的话正击中了他的要害，他的打算是，自己平定了关中也只能得个虚名，而实际利益是归朝廷所有的，与其消耗实力，为他人做嫁衣裳，还不如拥兵自重，为自己将来夺取朝廷大权保存力量。

正因为王猛一言即中，桓温更加认识到他的非同凡响，便道："这江东没有人能比得上你。"

后来，桓温退兵了，临行前，他送给王猛漂亮的车子和优等的马匹，又授予王猛高级官职"都护"，请王猛随他一同南下。但王猛拒绝了桓温的邀请，继续隐居华山。开始的时候王猛的确是想借桓温这个机会来干一番事业的，但是他考察桓温和分析东晋的形势之后，认为桓温不是甘心久居人下之人，迟早会反叛朝廷的，但是以桓温的实力未必能够成功，自己在桓温手下很难有所作为。

桓温走后的第二年，前秦的苻健去世，继位的是中国历史上有名的暴君苻生。苻生昏庸残暴，杀人如麻。苻健的侄子苻坚想除掉这个暴君，于是广招贤才，以壮大自己的实力。他听说了王猛的名声，就派尚书吕婆楼去请王猛出山。

苻坚与王猛一见面就像知心的老朋友一样，他们谈论天下大事，双方的意见不谋而合。苻坚觉得自己遇到王猛就像三国时的刘备遇到了诸葛亮；王猛觉得眼前的苻坚才是值得自己一生效力的对象。于是，王猛留在苻坚身边，积极为他出谋划策。

公元357年，苻坚一举消灭了暴君苻生，自己做了前秦的国君，而王猛就成了他手下的得力助手，任中书侍郎，掌管国家机密，参与朝廷大事。王猛36岁时，因为才能突出，精明能干，一年之中连升了五级，成了前秦的尚书左仆射、辅国将军、司隶校尉，为符坚治理天下出谋划策，干出了一番轰轰烈烈的大事业，成为中国历史上著名的杰出政治家。

公元375年，王猛因病去世，终年51岁。符坚这时才38岁，他为失去这位得力助手十分痛心，经常悲伤流泪，不到半年头发都斑白了。

古人说："良禽择木而栖，贤臣择主而从。"王猛正是以此为目标，才会两度拒绝高官的召请，最终选择了符坚为效力对象。他忍住了一般人求遇心切、急于求取功名富贵之心，直到遇到真正的明主才投身仕途。这是他获得成功的重要经验。

我们在日常生活中，遇到困难的时候，或者机遇不足的时候，不妨也耐心等待一段时间。只要沉住气，真正的机会总会来到面前的。

第八章
关注健康:给人生旅程加满油

健康是成功的基础。很多人为了自己的梦想不知疲倦地工作,有的人实现了梦想却失去了健康,有的人则倒在了奋斗的道路上。这不得不让我们感到痛心。所以,不要把所有的精力和时间都放在工作和事业上,关注一下自己的健康,给自己的人生旅程加满油。

1. 健康是最大的财富

在追求人生的目标时，许多人都希望拥有一个健康的身体。许多人都是在失去健康、病痛缠身之后，才知道健康是多么的可贵。当前，亚健康几乎成为职场的普遍现象，过劳死已经屡见不鲜。健康问题再一次成为职场中的焦点。

诚然，勤勉工作是种美德，但不应以身体作为代价。现在很多人为了尽快获得职业的发展，经常超长时间工作，甚至还经常熬夜，将工作视为生命而置自己的健康于不顾，号称职场拼命三郎。工作当然重要，但是健康是人最基本的资本，我们也不能忽视，如果不注意自己的身体健康，没有了健康，事业也无从谈起。

有的人说，只要我加强锻炼，注意休息，那就不会产生健康问题了。持这种想法的人没有完全理解健康的内涵。健康不仅仅包括生理健康，还包括心理健康。我们来看一下世界卫生组织关于健康的十大标准。

（1）有充沛的精力，能从容不迫地担负日常生活和繁重工作，而且不感到过分紧张与疲劳。

（2）处事乐观，态度积极，乐于承担责任，事无大小，不挑剔。

（3）善于休息，睡眠好。

（4）应变能力强，能适应外界环境的各种变化。

（5）能够抵抗一般性感冒和传染病。

（6）体重适当，身体匀称，站立时，头、肩、臀位置协调。

（7）眼睛明亮，反应敏捷，眼睑不易发炎。

（8）牙齿清洁，无龋齿，不疼痛；牙龈正常，无出血现象。

(9) 头发有光泽，无头屑。

(10) 肌肉丰满，皮肤有弹性。

对比一下这十条标准，我们才能真正理解什么是真正的健康。也许有人说，按照这个标准，我应该在健康方面有问题，但是我确实没有感觉到任何不适，这又怎么解释呢？实际上，感觉不到并不代表就没有健康问题，很有可能你是处于亚健康的状态。

亚健康状态是健康与疾病之间的临界状态，它是社会发展、科学与人类生活水平提高的产物，它与现代社会人们的不健康生活方式及所承受的社会压力不断增大有直接关系。

医学专家经过调查发现，在我国目前处于亚健康状态的人群大约占总人口的60%。其中，白领阶层是亚健康的主要人群，企业管理者有85%以上处于亚健康状态。但这些人在医院进行化验或者影像检查时，往往找不到病因所在。

亚健康的心理症状：包括焦虑和抑郁两大种。

焦虑：表现为烦躁、不安、易怒、恐慌，可能伴有失眠、噩梦等症状。

抑郁：表现为悲观、冷漠、无望、无助、孤独、空虚、轻率等。

亚健康的生理症状：持续的或难以恢复的疲惫；睡眠障碍；头痛、头昏、眩晕；肌肉、关节疼痛，腰酸背痛、肩颈部疼痛；代谢紊乱；消化功能紊乱，食欲不好，腹胀、腹泻、便秘等症状。

亚健康状态容易导致癌症、心脑血管疾病等，如恶性肿瘤、高血压和毒心病等；而亚健康的突然暴发，往往就会引发我们所说的过劳死。研究发现，"过劳死"的前五位直接死因是：冠心病、主动脉瘤、心瓣膜病、心肌病和脑出血。过劳死与一般猝死几乎没什么不同，但它隐蔽性较强，先兆不明显。发生过劳死的人在突然死亡前往往处于亚健康状态。如今，美国疾病控制中心已正式将引发过劳死的罪魁——亚健康命名为"慢性疲劳综合征",而亚健康人群无疑正是"过劳死"的预备军。

那么如何才能远离亚健康呢？在日常生活中如果能做到良好的饮食习惯与适当适量的运动,善用人体本身的免疫力与自愈力,就能够抵抗疾病,永葆健康。我们提供一些简单的小法则,只要照着去做,你会发现：守护健康其实很简单。

（1）加强体育锻炼。运动是维持健康的重要法则,能够加强心肺功能以及身体的抵抗力,如果你真的没有时间运动,爬楼梯是个既简单又有长期效果的运动方式。

（2）避免熬夜。熬夜是敬业的绝对附属产品,但是长期睡眠不足对健康有着很大的伤害！偶尔失眠一两天,可以用充足的睡眠来抵偿疲惫,但真正的影响实际出现在脑部,包括记忆力与思考能力。

（3）远离尼古丁。吸烟除了影响肺部健康,使肺活量越来越低,身体容易疲劳,易遭受病毒侵犯感染疾病外,还会造成肺气肿、脑中风、胃溃疡、肝硬化等疾病。此外,也不要忽视二手烟对身体的影响,香烟冒出的烟雾比吐出的烟更危险,毒性更强,为了自己和家人的健康,快戒烟吧。

（4）保持心情舒畅。微笑和大笑可以减少压力荷尔蒙,使干扰素明显增加,刺激免疫功能,免疫细胞因此变得更加活跃。大笑10秒钟,心跳的增加幅度相当于10分钟划船运动；笑一分钟可以让身体获得45分钟的放松。而且笑的时候胸部释放一种化学物质,令人心旷神怡,是最佳的自然药物。

（5）自我治疗。定期体检将会提早发现你身上某些器官是否已经出现问题,有意识地自我治疗也能够起到保健的作用。

2. 扔掉你手中的烟

虽然人们已经越来越清楚地认识到了烟草对健康的危害，但吸烟者还是在统计人群中占到了相当高的比例。世界卫生组织的一项调查显示，在工业发达国家，人的死亡有近20%都是由吸烟直接或间接造成的，因此请赶快扔掉手中的烟吧，别再让它伤害你的健康。

有关检验结果发现，吸烟越多，体力下降越明显，血中钙与锌离子浓度随吸烟量的增加而下降。有研究表明，过度吸烟的人，体内红细胞会明显增多，如长期下去，有患红细胞增多症的可能。红细胞增多症患者往往血液黏滞度较高，血液在血管中的流速减慢，易形成血栓，诱发脑病等。

英国爱丁堡学院的研究者曾对300多例白内障患者进行调查发现，烟、酒是诱发白内障的重要因素。统计证实，每天吸烟2包以上者，患白内障的可能性比不吸烟者高3倍，经常饮酒过量者其白内障发病率也高于一般人。

现代科学已经证明，烟草的毒素除尼古丁外，还有吡啶、氢氰酸、氨、烟焦油、一氧化碳、芳香化合物等20多种毒性成分，能诱发各种疾病，如癌症、心肌梗死、胃溃疡、气管炎、肺心病等，可以说，全身各器官均可受害。下面就是吸烟容易引起的各种疾病：

（1）易患癌症

调查发现，长期大量吸烟的男性，肺癌、喉癌、食道癌、胰腺癌及膀胱癌的发病率比不吸烟的人高3倍。30多岁长年吸烟人的肺，同80岁不吸烟人的肺差不多。英国一家癌症研究机构发表的一份报告说，因癌症死亡的人中有30%与吸烟有关，吸烟是导致肺癌的罪魁祸首。

(2) 易患咽炎、气管炎、支气管炎、哮喘

吸烟者一般都已有了相当的岁月，所以咽炎、气管炎等发生率很高。由于继续吸烟，这些疾病便经久不能好转，并且越来越重，可引起一系列连锁反应：发生肺气肿，再影响心脏，发生肺原性心脏病，然后影响到大脑，发生肺性脑病。

(3) 使动脉发生粥样硬化

吸烟的人冠心病发病率比不吸烟的人高得多。已经患有冠心病的，可因吸烟而诱发心绞痛，甚至急性心肌梗塞，这是很凶险的病症，严重的可突然死亡。吸烟还可以引起血栓性脉管炎，多见于四肢末端的血管，这是因为长时期受尼古丁的刺激，血管壁增厚，管腔变窄所致。

(4) 影响胃肠功能和分泌功能

吸烟使胃液和胰液的分泌减少，食欲减退，并出现消化吸收功能障碍。吸烟还可能使消化道黏膜发生炎症。吸烟的人溃疡病发病率比不吸烟的人要高一倍。

很多人相信吸烟能提神，其实这只是一个错觉。吸烟者之所以感到吸烟提神，这是烟草中的尼古丁等物质有使人成瘾的作用。吸烟者在一定时间内不吸烟就会产生不安、困倦、注意力不集中等感觉，吸烟后就会马上消除这些不适。因此说，抽烟有百害而无一利，既害人又害己。

现在越来越多女性也成了吸烟一族，当然其中一些人并没有烟瘾，只是觉得吸烟引人注目，给人感觉很"酷"而已。不过这样做所付出的代价是很昂贵的，因为吸烟会加速女人的衰老，让你不再年轻。为了你的如花美貌，还是放下手中的烟吧！

不管你吸烟有多久，当你停止吸烟时，几乎所有与吸烟有关的健康危险都减低了。例如，你得心脏病的几率会急速下降。经过 5 年不吸烟

之后，因易患与吸烟有关疾病而早死的危险，几乎减少了一半。经过15年不吸烟，这种危险已完全消失。

事实上，大多数真正想戒烟的人，是能够靠自己就把烟戒掉的。下面这种逐步进行的戒烟过程，已经证明是有效的，数以千计的人实行这种方法，已经不再吸烟了。

第一步：分析你的吸烟习惯。把你通常在24小时期间所吸的每一支香烟及你几乎是自动点烟的时间（如每喝一杯咖啡就点一支烟，饭后一定来一支烟，或是开始一天工作前点支烟），登记在一张表上。花上两三周时间去研究，在什么时候及为什么你需要吸烟，这样你才会对自己所抽的每一口烟加以注意。这会使你越来越关心你的吸烟动作，有助于为戒烟作好准备。

第二步：下定决心，永不再回头。把你为什么要戒烟的理由都写下来，其中包括戒烟后有哪些好处在内。例如，戒烟后你吃东西会更好地品尝滋味、早晨不再咳嗽，等等。在你实际行动之前，应使你自己相信，戒烟是值得一试的事情。

第三步：在日历上圈选一个日子，在这一天完全不再吸烟。这是最为成功的办法，而且是痛苦最少的戒除吸烟恶习的方法。如果家人或好友能跟你一起行动，在同一个时候戒烟，在戒烟期前几天最困难的日子里，互相支持，抵抗烟瘾，这对戒烟是很有好处的。你也可选择在由于别的原因而改变日常生活时（例如就在你去度假的时候）戒烟。有些吸烟者发现，以小题大做的方式向所有的人宣布自己要戒烟了，这也有帮助。这可成为你在意志衰弱时而不屈服的一件值得骄傲的事情。

第四步：在最初的戒烟困难期内，你可尽量使用任何代替香烟的东西。嚼口香糖、服食抗烟丸（不需医生处方即可买到）都有帮助。如果你手指缝间不夹支香烟就觉得很空虚的话，那你就夹支铅笔或钢笔。

此外，可做本书所推荐的一种松弛运动，以缓和香烟似乎能够为你消除的那种紧张感。放弃（至少是暂时放弃）你的一些与吸烟有关联的活动对戒烟也有帮助。例如，如果你在居家附近的酒吧里喝酒时，会习惯性地点上一支烟，那你就暂时不要去酒吧。避开对吸烟有鼓励作用的情况。例如，坐火车、公共汽车及飞机旅行时，选择坐在非吸烟区，这对戒烟也有帮助。

第五步：你要享受不吸烟的乐趣！别忘记，你不吸烟，每周就可省下十几或几十元钱。你可以将原本用来买烟的钱省下来，去买一样你本来无力购买的东西，作为对自己的奖励。

第六步：在戒烟前期的数周，尽量多吃你想吃的低热卡食物及饮料。你的胃口几乎一定会变得好起来。当你觉得紧张及不安时（戒除一种成瘾习惯时的自然结果），你常会被逼去找点东西来啃啃咬咬，因此，你的体重可能会增加几磅。记住，戒烟的前四周是最困难的。大约过了八周之后，你对香烟的强烈渴求感会消失，此时，如果必要的话，你可以开始减少零食了。

如果你真的无法戒烟，你是否不管怎么做，都无法把烟戒掉？如果是这样，你至少可进行下列的方法，以减少健康上的危险：

（1）选用低焦油牌子的香烟。

（2）少吸几支烟。

（3）每支烟少抽几口，只抽一半就丢掉。

（4）不抽的时候，不要将烟叼在嘴上。

（5）尽可能别将烟雾吞入肺里。

（6）在改抽雪茄及烟斗时要特别注意。如果你真的改抽雪茄或烟斗，尽可能将烟雾吸入肺部。

3. 不要贪恋杯中物

除了烟之外,酒在很多人的生活中也是不可或缺的。现在社会,很少有人是不喝酒的,除非他(她)确实对酒精过敏,应酬要喝、聚会要喝、高兴要喝,有了烦心事还要喝。其实适量饮酒并无害处,但如果过量就会严重损害你的健康。

酒的种类繁多,但无论什么酒,都含有乙醇,即酒精,其中以白酒含乙醇浓度为高。现代医学科学证实,如一次饮酒过度,便可引起急性酒精中毒,即醉酒的发生;饮酒成癖的人,长期饮用含乙醇浓度高的酒,最终将会导致慢性酒精中毒。

急性酒精中毒,轻的可降低大脑的抑制过程,使大脑失去了对低级中枢的控制,而出现言语过多、兴奋等症状;重的可出现大脑的抑制逐渐扩散,低级中枢的功能也受到抑制,兴奋状态消失,抑制加深,于是动作失调,反应迟钝;更重的酒精中毒,可引起大脑深度抑制,出现嗜睡、昏迷,甚至可致呼吸中枢麻痹或心律不齐而死亡。

慢性酒精中毒,对人的危害是多方面的:

(1)损害肝脏。由于酒精须在肝脏分解,长期过度饮酒会造成肝功能减退,引起脂肪肝或酒精性肝硬化。研究显示,肝硬变的发生率饮酒者比不饮酒者高7倍。可以说酒对肝脏的损坏,主要为酒精对肝细胞代谢直接的毒性作用。

(2)使心脏发生脂肪变性,减低心脏的弹性和收缩力,影响心脏的正常功能;促使血管硬化,诱发心脑血管疾病。

(3)引发酒精性胃炎、胰腺疾病,加剧胃溃疡而引发胃出血。

(4)影响各种维生素的吸收,造成多种维生素缺乏和营养不良症,减低肌体的抵抗力。

（5）对脑组织的危害最严重，大脑神经不断遭到破坏，久而久之，使大脑容积逐渐缩小。表现为智力、记忆力下降，常有手颤、舌颤及老年性痴呆，或出现幻听、幻觉等精神反常现象。

（6）妨碍体内钙的代谢，从而造成骨质疏松。

（7）使神经系统充血，引发神经性头疼、末梢神经炎和多种眼病。

（8）诱发大肠癌。国外一项研究发现，每天饮酒的人要比不饮酒的人患大肠癌的危险性高一倍，而长期饮酒的人更易患大肠癌。

在这里要提醒各位的是，如果你没有良好的自制力，做不到适量饮酒，那就干脆戒掉它，总之不能让它损害了你的健康。有专家提出了以下几种方法帮助，希望对戒酒人士有所帮助。

（1）不要把所有的酒藏起来。家庭成员经常找些借口试图把酒藏起来避免家人酗酒。不要这样做，要让他们亲身体会到酗酒造成的不良后果。

（2）把握劝说戒酒的最佳时机。和酗酒者交谈的最佳时机是在饮酒相关问题刚刚提出后（比如一场激烈的家庭争论或一场事故后）。选择一个他或她冷静的时候，你可以有机会私下交谈。

（3）特殊关照。告诉你的家庭成员很为他或她的饮酒问题担心。必要时使用些饮酒引起危害的例子，包括最新发生的一些事件。

（4）讲述结果。向饮酒者解释如果他或她没有寻求戒酒帮助，你会怎么办？不是责备，而是要实施些措施避免出现他或她的问题，比如拒绝出席一些提供酒精的社会活动，走出家门远离酒精。不要做些没有考虑好的过激行为。

（5）寻求帮助。事先搜集你社区内关于戒酒治疗方面的信息。如果他或她需求帮助，立即打电话预约治疗顾问。建议首次参加一个治疗项目时要陪着一块去。

（6）动员朋友。如果家庭成员仍然拒绝获得帮助，让一位朋友用上述谈话方式和他或她谈谈。刚刚战胜酗酒的朋友或许很有说服力，对有同情心和随和的人可能更有助。不止一个人，不止一次地去和他或她交谈，通常很有必要，可以逐渐使酗酒者自愿去寻求帮助。

（7）寻求联合力量。在一个医疗护理专业机构的帮助下，一些家庭和他们的亲戚朋友组成一个小组联合起来克服酗酒。这种方法的实施仅仅在有经验的专业机构的指导下进行。

（8）获取支持。记住你不孤独是很重要的。支持一些社区提供的组织，这些组织帮助家庭成员认识到他们不仅为个人的饮酒问题负责。酗酒治疗适于许多人。但是就像一些慢性疾病，治疗起来有不同的结果。一些人停止了饮酒且努力克制自己，其他人则经过一段静止期后又开始饮酒了。对于治疗来说，一点是清楚的，一个人放弃酗酒时间越长，他或她保持清醒头脑的可能性越大。

4. 女性七大健康问题早解决

成年女性常会遇到一些健康问题，这些问题如果不及时解决，很可能会造成严重后果。下面我们就针对女性七大健康问题给出一些具体的防治办法。

（1）腰酸背痛

早晨起床时身体有僵硬感，颈、肩、背部以及臀部有大面积僵硬感，有时还有瘙痒。这些都是纤维肌肉疼痛的典型症状。

如果你是一个职场白领，你是否常常感觉肩背部酸痛？长期伏案，以及大量需要在电脑前操作的工作，会使你的颈肩部肌肉处于过劳状态。肌肉保持紧张状态需要消耗大量的能量，在氧化反应所供应的能量不足的情况下，肌体会分解脂肪来提供足够的能量，产生大量乳酸，积蓄在细胞内，久而久之，会对局部细胞造成不可逆的伤害，肩周炎就此将伴随你终生，挥之不去。

应对策略：

游泳、步行之类的运动可以提高肌肉的力量和柔韧性，减少肌肉疼痛。热疗和按摩也能起到短时间放松的作用。选择舒适的坐椅，并进行适当地调整，对腰背部位的健康有很好的促进作用。

（2）骨质疏松

也许在你的印象中骨质疏松、骨骼萎缩应该是50岁以后才会发生的事，可事实远不如我们想的那么乐观，因为女性的骨质疏松发病率很高，年龄也在不断地提前。

一般来说，骨质疏松与骨骼严重萎缩的女人要比男人多得多，尤其是更年期的女人。产生这一变化的原因很多，一方面是因为更年期雌性激素的分泌减少，另一方面实际上是因为人体长期缺钙。女性从28岁以后钙就开始流失，随着年龄的增加，这种流失的速度也随之加快。

应对策略：

①多食含丰富钙质的食品，如牛奶、紫菜、虾皮、豆制品、芹菜、油菜、胡萝卜、黑木耳、蘑菇、芝麻等。食物保鲜储存可减少钙耗损。高粱、荞麦、燕麦、玉米等杂粮较稻米、面粉含钙多，平时应适当吃些杂粮。

②多食富含维生素D的食物，如沙丁鱼、鱼肝油等。天然的维生素D来源于阳光，但注意勿暴晒。

③钙质和醋一起摄取。醋能把钙质离子化，易于人体吸收。吃鱼类、骨类食品最好用醋烹制。如膳食钙由于某些原因不能满足需要，可服用补钙剂及维生素D来补充，但应注意选择钙吸收率高的制剂。

④适当参加可以强健骨骼的运动项目。瑜伽、体操、步行与站立等

对骨质疏松症的治疗有很大意义。每日累计 2~3 小时的站立与步行，可防止钙流失。跑步、打球、跳舞及腹背和四肢适当的负重可使肌肉保持一定的张力，令骨骼承受一定的压力，从而强健骨骼，减少骨折的机会，有效抑制骨质疏松。

（3）月经不调

月经是女性感知身心压力的晴雨表。月经不规则、月经量少、排卵少、月经消失……上述症状一旦出现，就表明身体虚弱，要注意了。压力过重，过于紧张，会使月经终止，这是经常发生的病例。因为脑的丘脑下部，有一个感知紧张的部位。过于紧张，会使丘脑下部过分刺激脑下垂体，引起脑下垂体所分泌的荷尔蒙失衡，从而导致月经的终止。

应对策略：

经常接近自然。采用一些芳香疗法，通过鼻子对脑直接进行刺激以缓解紧张。让身体浸泡在浴缸中，听一些自己喜欢的音乐，会刺激副交感神经，继而刺激人的五官感受。在房间里悠闲地喝一杯茶或一些温和的饮品，让自己的心变得柔软。

（4）缺铁性贫血

皮肤苍白、头晕、气短、眩晕发作、冷过敏、情感冷漠、烦躁易怒和注意力降低等，是缺铁性贫血的表现，目前女性患此病的人数开始增加。体内缺铁使向组织供氧的血红蛋白不足，遇到大运动量运动、节食、月经期长等情况时缺铁性贫血极易导致完全贫血。

应对策略：

多吃含铁食物，比如肉、鱼、家禽、豆腐、豆类植物以及经过含铁强化处理的谷物和面包，对预防和治疗缺铁性贫血非常有帮助。

（5）妇科肿瘤

专家调查研究发现，女性从 25 岁开始，每年乳房会下垂 1 厘米，所以适当做一些胸部按摩是必要的。在按摩的同时，应该具备一些自我诊疗的常识,不同的人在不同时期,虽然乳房的外形多样化,但其轮廓始终应是浑圆,无论从哪个角度观察其外形曲线,总是光滑平整的。如果这种曲线和外形轮廓的任何一处出现凹陷或隆起,都说明该处乳房可能有病变。

女人过了30岁之后体内的雌激素处于相对的高水平期,所以易引起各种乳腺疾病,乳腺增生对于女性来说并不少见,特别是30岁以上的女性都会或多或少地患此病。轻度乳腺增生可不必惊慌,但如果增生进一步变化则要提高警惕。有研究表明,体重值过高,乳腺癌的发病几率也随之上升。乳腺癌是妇女常见的恶性肿瘤之一,资料显示,全世界每年约有120万妇女患乳腺癌,50万人死于乳腺癌。在西欧、北美等发达国家,乳腺癌发病率占女性恶性肿瘤首位。据1992~1996年统计,在美国10万人中有110.6个人患有乳腺癌。

40~45岁这个年龄段中的女性,妇科肿瘤的发生也较多,长期的精神紧张、透支体力导致免疫力下降和慢性妇科炎症的发生,加上她们工作忙、对自己的身体变化观察不细,这些因素长期作用造成宫颈糜烂、宫颈癌、子宫肌瘤、卵巢肿瘤以及乳腺肿瘤等病症,出现腹痛、乳房胀痛、月经异常等现象。有的恶性肿瘤被忽视,贻误治疗的机会,还会危及生命。

应对策略:

定期做妇科检查对预防妇科肿瘤尤为重要,如B超、宫颈刮片检查、乳房扫描等。提醒职业女性,不论工作多么繁忙都不要忽视这一点,因为对于肿瘤来说,早发现、早采取措施,可以带来截然不同的后果。注意经期卫生、性生活卫生,避免性生活紊乱和过频,这样就能够有效预防妇科炎症的发生,有利于减少肿瘤出现的机会。注意合理休息,多吃富含维生素、蛋白质、矿物质的食物,增强身体抵抗力。

有关资料显示,在我国乳癌已上升为女性肿瘤的首位,成为威胁女性健康的头号杀手。

多数病人是在洗澡、更衣或自己摸乳房时,于偶然间发现一侧乳房有肿块,少数是单位体检时医生发现的。一般来说,恶性肿瘤的形状不规则,边界不清楚,表面不光滑,而良性肿瘤则相反。这些肿块开始很小,慢慢长大。当乳房皮肤呈橙皮样改变或出现酒窝征时,则表明疾病到了晚期。

近几年来,虽然乳癌的发病率在我国逐年增高。不过,其病死率却并没有增高。这与近几年来注重早发现、早诊断有关。

应对策略:

①洗澡时避免用热水刺激乳房,更不要在热水中长时间浸泡。睡觉的姿势以仰卧最好,以免侧身挤压乳房。选择乳罩以不使乳房有压迫感为宜。

②每日清晨或夜晚做数次深呼吸,可使胸部得到充分舒展。

③适量吃些鱼、肉和乳制品,可以增加些脂肪,供给乳房充分营养,使其保持丰满。

④有资料证实,人流可引起乳房的疼痛,还会造成持久的、潜在的危害。因此,应当做好避孕工作,尽量少做或不做人工流产。

自我检查的最佳时间是:有月经的妇女应在每月月经来潮后的9~11天,因为此时乳房比较松软,易于发现病变;已停经的妇女可自选每月的某一天为定期自查日期。

乳房自检时,应按医生指导的方法进行,以免将正常的乳腺组织误认为肿块,引起不必要的惊慌。

(6) 韧带拉伤

医学专家提醒女人要小心,不要受伤,因为与男人相比,女人更容易拉伤膝、踝等关节的韧带。一旦韧带拉伤,得好几个月才能治愈。医生认为这可能是女人宽大的髋部使膝、踝关节韧带要承受更大的作用力,而女人的韧带天生就比男人脆弱得多,因为女性的生理特点,身体雌激素与孕激素水平周期性的变化也对关节韧带有直接影响。

应对策略:

①全身尽情舒展。每天起床后不要忘记全身的伸展动作,它可以让肌肉醒来,还可以柔软肌腱、韧带、关节。

②孕期保健必不可少。女人怀孕后体内激素水平发生变化,引起关节韧带松弛,因此女性在孕期中要合理安排自己的工作生活,适当活动多休息,尽量少做或避免做重体力劳动,不可因过累和不必要的剧烈活动,使原本就处于非常时期的韧带雪上加霜。

③运动中掌握有效的保护方法。女性对运动量大的活动适应性差,容易造成肌肉拉伤与韧带的劳损,因此在运动中要注意准备活动和循序渐进。

④多选择以腿部活动为主的各种体育活动。乒乓球、羽毛球、游泳、滑冰、健美操等运动均可增强腿部的弹跳力,增强肌肉和韧带的柔韧性,同时还可让双腿变得修长。

(7) 周期性口腔溃疡和疱疹

这也是很多女性会碰到的烦心事,春夏季节到来时,你的口唇边是否常常莫名其妙地冒出许多疱疹,口腔内频频出现溃疡?这是健康状况变差的信号,说明你的身体正处于相当疲劳的状态。究其原因,95%以上都是病毒感染。易导致口腔溃疡的两种病毒分别为人类巨细胞病毒和EB病毒(非洲淋巴细胞瘤病毒,一种疱疹病毒);其中人类巨细胞病毒潜伏在血液中的淋巴细胞内,EB病毒则是潜伏在血液中的B淋巴细胞内。在平时抵抗力较强时,这些病毒会潜伏在细胞核内悄悄繁殖,一旦感冒、情绪压力大、身体疲倦或精力不足、免疫力差时,它们便出来兴风作浪。研究指出,病毒性感冒及艾滋病会激活潜伏在体内的这些病毒,而精神压力太大与激素水平过高则是溃疡的诱因。

应对策略:

大多数人的口腔溃疡和口唇疱疹之所以会发作,都是因高度紧张的工作和巨大的精神压力所引起的。这种时候,首先要注意放松心情,缓解压力,多休息,保证足够的睡眠时间;其次可在医生指导下,服用一些抗病毒抗感染的药物。

其实,对于很多女性疾病,只要早发现、早防治,就可以避免其损害你的健康并及早治愈。

5. 关注中年男人的健康问题

医学专家告诉我们,很多人到老了之后会出现这种各样的疾病,都是由于年轻时不注意保养造成的,因此中年期我们一定要更注意健康。

奔波于社会、家庭和事业之间的中年男人最容易透支的就是健康。这个时期的男人压力最大,交际应酬、职位、职称、官场仕途……然而你必须明白,健康才是你最重要的资本,失去健康你就会失去一切。

男人在60岁以前是否有病,关键要看在中年这个转折点时是否健康。

医学研究证明,在健康的元素中,父母遗传占15%,社会环境占10%,自然环境占7%,医疗条件占8%,而个人生活方式则占到60%。

而健康生活方式中,合理膳食占13%,心理平衡占30%,适量运动和戒烟限酒占17%。心理平衡是健康最关键的钥匙,健康的关键是60岁以前没有病,而60岁以前没有病的关键又是男女有别的20年。男人是30~50岁,转折点是44岁之前;女人是40~60岁,转折点是50岁。

毫不夸张地说,年届40的男人,就像一台运转已久的机器,应该进行一次大修，心血管、心脏、肾脏、糖尿病、高血压、前列腺等疾病是44岁左右男人健康的大敌。44岁之前的男人时刻要注意自己身体的变化，哪怕是细小的不适和反常都应引起警惕，大病往往是由小疾开始的，任何一种小疾都有可能日积月累为大病。

男人40，事业有了基础，可是身上的担子也加重了，这时应特别注意劳逸结合，因为人的身体是血肉之躯，不是机器，即使是机器，也得加油，定期保养吧？而中年的男人通常易犯一个毛病，就是既要守着成功，又渴望更大的发展。背着成就前行，就必须付出更大的辛苦才行。所以，大多44岁之前的男人都感慨活得太累。累过度了，就会积劳成疾，毁掉健康，真是得不偿失。

那么，中年男人应该怎样维护健康，防治疾病呢？

①提防"三高"，即高血压、高血脂、高血粘度。44岁左右的男人社会应酬较多，酸性食物的摄入量过大，容易引起三高症状。

②关注父母的疾病遗传。像糖尿病、高血压、心脏病等一般在青年人身上这种遗传体现不出来，可是到了44岁之前，在身体机能下降的情况下就最容易发病。

③注意胃的保养。有证据表明，人的健康是吃出来的，但是人的大部分疾病也是吃出来的。44岁左右的人代谢功能开始缓慢，胃肠的吸收功能也逐渐走下坡路了，因此在饮食上要控制摄入量和品种，不要吃得过饱，尤其是晚饭不宜吃得太饱和过分油腻。

④每年做一次体检，了解自己的整体健康情况。44岁左右的男人体检只需选择标准套餐即可，只要包括血脂等功能性检查就行了，万一查出隐患，再根据医生的建议有选择地增加个性化体检项目。

医学专家认为，男人40岁前后，每年都应该进行一次健康体检，检查项目要根据中年人的身体特点，除常规的腹部B超、胸片、心电图外，应特别注意以下项目：

①体重血压：测体重、血压项目一般放置在体检区的开端，然而许多受检者常常遗漏。可能是由于时间匆忙，但更多的是由于受检者认为这项检查没有必要。实际体重超标者常常伴有高血压、高血脂，提供身高体重参数，会为医生评估受检者的身体状况提供依据。

②直肠指诊检查：有的受检者由于恐惧外科的直肠指诊，放弃此项检查。但此项检查是发现直肠肿瘤、痔疮等疾病的首选检查，而且直肠指诊并没有太大的痛苦。有经验的医生通过了解前列腺的大小、硬度和表面光滑程度，能发现前列腺有无肥大、有无肿瘤。

③血生化检查：目的是检查有无高血脂、高血糖、高尿酸，同时观察肾功和肝功。糖尿病患者中，有近50%是在体检中发现的。血脂过高是动脉硬化发生发展的主要因素，而动脉硬化常导致冠心病、心肌梗塞、中风等严重后果。

④防癌检查：人的年龄越大，接触致癌物质的几率越多，发生癌变的可能性也就越高。如果一个人在青少年时期受致癌物质的影响较大，那么在步入44岁之前后即有形成恶性肿瘤的可能。同时，44岁之前的男人免疫系统功能开始衰退，清除癌变细胞的免疫监视机能减弱，为组织癌变提供了条件。目前，除了常规的影像学检查外，近10种肿瘤标记物的检查为早期诊断肿瘤创造了条件。如诊断肝癌和前列腺癌的甲胎蛋白和前列腺特异抗体等。

⑤背部检查：背部不适已经成为现代人的流行病，据调查，80%的44岁之前的男人都有过类似的经历。这看上去挺一挺就过去的事情，难受起来却让人心乱如麻、坐立不安。甚至到了不能正常行动的地步，严重影响每天的工作和生活。常坐办公室的人最不能疏忽的就是背部，年龄越大，就要越好好地照顾自己的背。

据调查，90%的背痛是因为肌肉或韧带受伤引起的。即使你一直都没有遇到过背痛的情况，注意保持良好的身体姿态，也是避免背部问题的关键。背痛往往是一种提示，告诉你身体出了问题，所以千万不要忽视，也不要自己判断背痛的原因。正确的方法是：出现症状，及时就医。引起背痛的原因很多，所以在去医院检查的时候，切忌病急乱投医，或是以止痛为目的，而是要找出背痛真正的根源，从而有针对性地进行治疗。

⑥胆固醇检查：胆固醇过高是导致冠心病的主要原因，所以胆固醇的高低是一个关系生死的问题。美国的研究人员早在三年前就提出，年轻时胆固醇高的人晚年更容易患心脏病。分析的结果显示，血清胆固醇高过240的人，比低于200的人患心脏病死亡的可能性多3倍多。胆固醇偏高的男性寿命会比正常男性短4～9年。

所以，建议一年做一次胆固醇检查。医生会通过验血来确定你的胆固醇是否偏高。

预防胜于治疗，小病不医造成大病就难医了。所以44岁之前的男人除了努力向新领域发起冲刺外，劳逸结合、调养生息也应该摆到生活的议事日程上加以考虑。

6. 保持良好的睡眠

人不吃不喝最多可以活7天，只喝水可以活一个月，不睡觉却只能活5天。北宋大文豪苏轼，一生坎坷，44岁时，因文字祸入狱；晚年又受奸臣陷害被贬。他虽只活了66岁，但在养生方面有许多独到之处。

东坡谪居黄州，坚持生活有"三养"：安分以养福，宽胃以养气，省费以养财。他倡导的"寝寐三昧"更符合养生保健之道。他说："吾初睡时，且于床上安置四体，无一不稳处。有一未稳，须再安排令稳。

既稳，或有些小倦痛处，略加按摩，便闭目调息。呼吸均匀后，四肢虽痒，也不可稍动，务在定心胜之。如此食顷，则四肢百骸，无不和通。睡思既至，虽寐不昏。"体稳、定心、按摩成了苏东坡的睡眠"法宝"。他还坚持早起梳理头发数百次，再按摩面部，然后穿好衣服，顿觉精神焕发，办事顺当。

人的一生中至少30%的时间都是在睡眠中度过。睡眠不仅使身体得到休息，恢复体力，还能让大脑得到休息，恢复脑力。通过睡眠，人们可获得全身心休息、恢复和调整。由此可见，睡眠是一件多么重要的事情。睡眠质量好坏，与健康息息相关。因此，国际精神卫生组织将每年的3月21日定为"世界睡眠日"。

英国大戏剧家莎士比亚曾将睡眠誉为"生命筵席上的滋补品"，可是有多少人能够大口品尝它，真正享受到睡眠的美妙呢？当前人们的睡眠现状却让人担忧。

2006年，国内多家医院联合在北京、上海、广州、南京、成都和杭州等六个城市进行了一次普通人群失眠情况调查。在2657名被调查者中，57%的成年人表示自己曾经发生过睡眠障碍，其中广州的失眠人群更是高达68%。中国成年人失眠发生率为38.2%，明显低于大城市失眠发生率，但同样高于国外发达国家的失眠发生率。

睡眠问题影响着我们的身体状况和精神状态，如果我们能有高的睡眠质量，那么工作生活都将精力充沛，神采奕奕。反之，如果得不到适当的睡眠，不但会影响健康，更会给我们的工作、事业带来极大的危害。如果把治疗失眠症的所谓"间接费用"也考虑在内，总的费用支出是无法想象的：据估计美国每年失眠症的代价为1100亿美元！

所以，为了你的身体健康，为了能够有充沛的精力去工作生活，你必须每天都要保持良好的睡眠。

睡眠主要有五大作用：

（1）消除疲劳，恢复体力。睡眠是消除身体疲劳的主要方式，睡眠时体温、心率、血压下降，呼吸及部分内分泌减少，使代谢率降低，体力得以恢复。

（2）保护大脑，恢复精力。睡眠不足者，表现为烦躁、激动或精神委靡、注意力涣散、记忆力减退等；长期缺少睡眠则会导致幻觉。而睡眠充足者，精力充沛，思维敏捷，办事效率高。这是由于大脑在睡眠状态中耗氧量大大减少，有利于脑细胞能量贮存。因此，睡眠有利于保护大脑，提高脑力。

（3）增强免疫，康复机体。人体在正常情况下，能对侵入的各种有害物质产生免疫反应而将其清除。睡眠能增强机体的抵抗力，还可加快各组织器官的自我修复。

（4）促进生长发育。婴幼儿的大脑发育依赖睡眠。在慢相睡眠期，血浆中的生长激素可以持续数小时在较高水平，要保证儿童的充足睡眠，以促进其生长发育。

（5）有利于皮肤美容。睡眠中皮肤分泌和清除作用增强，毛细血管血流加快，促进皮肤的再生，有利于美容。

对生活紧张的现代人来说，睡个好觉，也成为奢侈的事。其实，只要懂得一些诀窍，安枕无忧到天亮，其实也很简单！

（1）营造好的睡眠环境，是改善睡眠品质的第一步。睡前最好先让房间通风，卧房内的温度控制在摄氏18°~20°，为避免睡觉时喉咙或鼻子过于干燥，冬天可以在暖气上方放盆水。

（2）房间的主色调看似无关紧要，其实对睡眠影响不小。如果房内充斥红色、橘红或鲜黄色等令人振奋的颜色，会使你不易入睡，而紫色、黄褐色或海军蓝等深暗的色调，'可能造成你心情沉重，最好选择淡蓝、淡绿或略带其他色彩的白色，作为卧房的主色。

（3）房内维持适度的阴暗与安静，有助于达到深沉休息的目的。选用双层窗帘或隔音窗帘，不仅可以防止光线刺眼，还有隔音效果。如果外来噪声分贝太高，窗帘还不足以阻挡，只有靠耳塞喽！如果噪声的来源是枕边人，不妨告诫他晚餐时少喝点酒，避免过度疲劳，如果对方体重不轻，甚至可以劝他减肥，这些都是有效抑制鼾声的方法。另外，侧睡、控制房内湿度和稍为垫高枕头，都可促进呼吸顺畅，防止吵人的打呼声产生。

（4）枕头的选择也马虎不得。高度不对，可能造成颈部生硬，不用枕头，睡起来又不舒服。最好选择支持颈椎，并能使头部重量平均分散的枕头。至于枕头的硬度，视个人喜好及睡姿而定。专家指出，习惯侧睡的人，适合用质地较硬的枕头；仰睡者适用中等硬度的睡枕；如果你喜欢趴着睡，软枕是较佳的选择。花的香味，可能扰乱睡眠，绿色植物夜里又会消耗氧气，两者都不适合放在卧房。

（5）多吃一些能促进睡眠的食物。失眠烦躁、睡眠不好的时候，多吃富含钙、磷的食物。含钙多的如大豆、牛奶、鲜橙、牡蛎，含磷多的如菠菜、栗子、葡萄、鸡肉、土豆、蛋类。在睡前吃一些富含色胺酸的食物，如香蕉、无花果、酸酪乳、全麦面包、一半葡萄柚、牛奶、小米粥等能促进睡眠。

想睡个好觉，还有其他技巧可循，譬如顺着个人生理时钟的节奏，找出最合适入睡的时间；睡前泡个热水澡；不要将办公室文件、家庭开支收据或恼人的事，带进卧房；喝一碗有安眠作用的药草汤剂等，都可以帮助你睡个好觉。

7. 勤于动脑，别让大脑生锈

人类最大的悲剧并不是天然资源的巨大浪费，而是大脑潜能的埋没。

某州的土地上发现了石油。该地的所有权属于一位老人。这位老人顿时变成了有钱人，买了一辆豪华轿车。每天他都开车到附近的小城。他想看每一个人，也希望被每个人所看到。有趣的是，他从未撞过人，也从未伤害人。理由很简单，在轿车正前方，有两匹马拉着。

当地的技术员说那辆汽车一点毛病也没有，因为这位老人永远学不会插入钥匙去开动引擎。

爱因斯坦说，人类最伟大的发现之一是对大脑潜能的认识。根据美国脑力开发与研究的调查，我们普通人对大脑开发和利用的比例尚不足大脑潜能的1%。这一结论一方面证明了人类在脑力方面惊人的浪费，另一方面也为我们展示了更美好的前景——仅仅利用1%的脑力，我们就赢得了如此高的成就，倘若每一个人都能把尚在酣睡中的大脑潜能开发出来，我们会在学习能力、思考技巧、职业技能和个人发展上达到何种高度？

柏拉图曾指出："人类具有天生的智慧，人类可以掌握的知识是无限的。"而事实上也如此，根据脑科学研究表明，如果一个人的大脑全部开发，那么他将学会40种语言，拿14个博士学位，他的信息储存量可以是世界上最大的图书馆——美国图书馆1000万册的50倍。

科学研究还发现，爱因斯坦的大脑使用还不到10%，普通人用了不到5%，甚至连1%都不到。这说明大脑至少有90%的能量都被闲置浪费了。问题的关键不是我们笨,而是我们要学会"插入钥匙去开动引擎",调动我们的潜能去为我们创造一个更美好的未来。人类最大的悲剧并不是天然资源的巨大浪费,而是大脑潜能的埋没。

人人都想聪慧、机敏,并且人人都会为此而采取自认为有益、有助的措施。然而,在日常生活中,生活因素和人们的用脑习惯,对大脑智力却有着不利的影响。

(1)懒散少用脑。有道是脑子越用越灵敏。科学合理地多用大脑,能延缓神经系统的衰老,并通过神经系统对机体功能产生调节与控制作用,从而达到健脑益寿的目的。假如懒懒散散不常用脑,则对大脑和身体的健康都是不利的。

(2)胡思乱用脑。脑子越用越机灵是建立在科学用脑的基础上的,倘若过分紧张焦虑,或是不切合实际地殚精竭虑,则对大脑和身体也有不利影响。

(3)带病强用脑。在身体欠佳或患病时,勉强坚持学习或工作,不仅效率降低,而且容易造成大脑的损害,还不利于身体的康复。

(4)饥饿时用脑。有的人早晨起床晚,来不及吃早餐,或有免用早餐的不健康习惯。这样就使人一上午处于饥饿中,血糖低于正常供给水平,导致大脑的营养供应不足。若经常如此,势必有损大脑的健康和思维功能。美国学者经过实验证明,孩子吃高蛋白早餐时的学习成绩,要明显优于进素食早餐时;而不进早餐的孩子,其学习成绩都较差。同理,在其他时候饥饿的情况下用脑,也会对大脑有不利影响。

(5)睡眠质量差。成年人一般每天需要有7小时以上的睡眠时间,并要保证睡眠的较高质量。如果睡眠的时间不足或质量不高,那对大脑是一个不良刺激,这会使大脑的疲劳难以恢复,易发生衰老。故睡眠不足或睡眠质量差者,应适当增加睡眠的时间,并设法改善睡眠状况。

(6)蒙住头睡觉。有人睡觉时习惯用被子蒙住头,这样随着被窝中二氧化碳浓度的升高，氧的浓度不断下降，长时间吸入如此污浊的空气，对大脑的健康必定有害。

就像身体一样，随着年龄的增长，你的大脑也需要通过锻炼来保持健康。

杜克大学的一篇文章提出一种保持大脑反应敏捷的方法——心智运动，利用你的感官建立与大脑认知功能区域的新联系。如果有规律地采用这种简单的锻炼方法，就可以使你的大脑更加敏捷，准备应对新的挑战。

这种方法是以不同的方式利用你的一个或多个感官来集中注意力，增强日常活动能力。下面是一些实例：

（1）在早晨，你可以用自己的双手来梳头，整理发型，穿衣服，刷牙以及做早饭。

（2）在洗澡的时候闭上眼睛，利用你的触觉找到香皂并完成洗浴。

（3）把照片倒放在桌面或书架上。

（4）你可以到一家新的民俗市场和农贸市场或面包店去体验新的视觉及听觉感受。

（5）当你到国外旅行时，你要使自己完全投入到那种不熟悉的环境中去。例如，去一个小镇，那里没有人说你所说的语言，品尝新食物并与当地人一同吃住。

（6）多听音乐，热爱运动，多尝试使用左手。

（7）多做一些能训练大脑的智力题目和游戏，比如推理游戏、射击游戏、数字，等等。

8. 赶走忧虑，保持心理健康

人们的情绪非常复杂，激动、苦恼、喜爱、害怕和生气等这些情绪会导致身体的化学过程发生变化，而这种变化又进而影响人们的另外一些情绪。情绪对人的影响总是在不知不觉中发生的。

有很多因素能决定我们的情绪平衡，其中最主要的是我们后天养成的对生活的态度，与此相关联的是我们的生活目标。值得庆幸的是，只要我们拥有良好的生活态度和强烈的自信，并决心关注积极的事业，我们就能够调整自己的心态，保持心理健康。

学习如何保持心理健康，以及使心理恢复到平衡状态，这对每个人都是一件十分重要的事情。心理学家为我们总结出以下这些平衡心态的方法，值得每一个追求心理健康的现代人借鉴。

（1）对自己的能力作出客观的评价

人的能力是有大小之分的，一个人的能力取决于先天遗传素质和后天发展。虽然大部分人的能力基本差不多，但是我们应该客观地认识到，人的能力是有一定限度的，不能对自己提出过高的要求。一个心理健康的人，应当能够对自己的能力作出客观的评价，把奋斗目标确定在自己力所能及的范围以内。确定了合适的目标，自己就能有针对性地制订计划并且付出行动了。

反之，如果一个人不能客观估量自己的能力大小，盲目自信，仅凭良好的愿望和热情制定宏伟目标，到头来往往是目标落空，让个人心理上蒙受打击，并且产生挫折体验。这样做的结果，不仅白白耗费了精力和时光，也严重打击了自己的自信心。

（2）对他人不能有不切实际的过高期望

人们在生活、学习和工作中需要相互关心和帮助，但一个人最重要的是要有自立能力，不可能凡事都期望于他人，尤其不能有不切实际的过高期望。这是因为在现实生活中，每个人都不是完善无缺的，总会有这样那样的不足。如果对他人期望过高，一旦事情解决不好，就会抱怨他人，自己也会倍感失望，其结果不仅得罪了别人，还会使自己的心理平衡受到干扰。因此，在做各类事情时，首先应当立足自身，主要依靠自己的力量努力把事情办好，其次才可考虑他人帮助的可能性。

（3）向别人倾诉自己的苦恼

生活中人们总会遇到令人不愉快和烦闷的事情，如果长期压抑在心里，就会产生消极的情绪，对心理健康造成损害。其实，倾诉是一个消除消极情绪的好办法。当你面对上述情况的时候，你若能找机会与朋友、同事、亲友等将自己的苦闷心情倾吐出来，就会把不良情绪发泄出来，能够有效缓解或减轻压抑心境，失去平衡的心理也可以逐步恢复正常。在倾诉郁闷的过程中，通过获得更多的情感支持和理解，你能学会一些认识和解决问题的新思路，增强面对挫折的信心等。

（4）努力扩大人际交往

人作为社会的一员，必须生活在社会群体之中。有群体的地方就需要交往和沟通，通过积极的社会活动扩大人际交往，不仅可以使人开阔心胸、增长见识，还可取得更多的社会支持。更重要的是，这种人际交往可以使人感受到充足的社会安全感、信任感和激励感，这是人的基本需求之一，有了这种认同感，生活、工作的信心和力量就会大大增强，心理应激和心理危机感也会最大限度地减少。

（5）在与他人竞争时有所选择和侧重

当今社会竞争越来越激烈，竞争意识对人们的影响也越来越大。很多人因为竞争的压力过大而产生这样那样的心理负担。这是因为每个人的精力有限，假如你盲目地事事处处都要与他人竞争，在某些方面用自己的劣势去同别人的优势进行竞争，从而导致失败，这种情况下的挫折和打击最容易打消人的自信心了。另外，事事竞争还会给自己造成过度紧张，心理上承受过大压力，长此以往，身心健康肯定会受到很大损害。

人要清楚自己的优势和劣势，在与他人竞争时，应该有所选择和侧重。有所选择，是指要发挥个人的优势；有所侧重，是指在竞争中应该把主要精力放在对自己最重要的事情上，避免分散精力，去做无谓的竞争。这样做的话，一方面会有利于充分发挥自己的优势，有助于顺利地完成目标，另一方面也有利于保持自己的心理健康。

9. 学会减压，轻装上阵

就像人在地面要承受大气压力、在海里要承受水的压力一样，无形的生活时时都给人以各种压力。现代社会，节奏加快，竞争激烈，人们心里的压力越来越大，精神心理的问题越来越多，心理咨询师成了热门职业。

名人压力大，其实百姓生活中同样承受着各种各样的压力，而这些压力往往是无形的，让人意识不到的，等这压力给人造成了损害，人才回头总结，发现是某某事件某某原因造成的。

正所谓兵来将挡，水来土掩。我们必须学会给自己减压，轻装上阵。相信读完下面专家建议的十招，你离全心追求成功的日子也就不远了。

第一招，生活要有个计划。

生活没有计划，容易给个人造成额外的压力。如果同时要做好多事情，当然就容易导致混乱、遗忘，还总让人觉得有那么多事情没做完，加重了生活的压力。所以，如果可能的话，要为自己立个计划，让自己做到心里有底，做事时有条不紊。此外，最好能一次就只做一件事，并且一次性将任务完成。

第二招，正确评价自己的优缺点。

将你的优点和缺点列出一张表，让那些熟悉你并能坦率直言的朋友对这张表作出修改。然后决定你该如何充分利用自己的每项长处并有效避免暴露缺点。

第三招，克服畏惧情绪。

开发出潜力的关键是克服人人都会有的畏惧情绪。你可以从和工作毫不相关的小事入手。比如，主动和刚认识的朋友打招呼，独自一人去看恐怖片等。经常尝试一些你想做却不敢做的事，能让你在工作中也逐渐拥有无所畏惧的魄力。

第四招，让工作和生活充满秩序。

有秩序的生活会使你每天头脑清醒，心情舒畅。每天下班前整理好办公桌，定期清理电脑中的文件和电子邮件都是必要的。光是看见桌上堆满了报告、备忘录和要回的信就足以让你产生混乱、紧张和忧虑的情绪。另外，千万不要小看家庭生活。事业的成功与否往往与家庭生活有直接关系。一个从容的早晨，一顿丰富的早餐也许就决定了你一天的心情和工作效率。没有人会觉得蓬头垢面、饥肠辘辘地赶去上班会让一天都有好心情。

第五招，该玩就玩。

有时候，人们需要远离生活的压力，去玩，去放松一下，这是一种自然的效果也不错的减压方法。需要说明的是，应该尽可能从事那些能让自己愉快、全身心投入、忘掉一切烦恼的业余活动。不管自己有多忙，该玩就玩！

第六招，改变不好的思维方式。

人的思想感情与个人的观念和人生哲学有关。仔细分析一下，如果发现这些观念在一定程度上导致了不良的情绪，给你的生活带来了压力，那就有必要为此做出一些改变了。改变个人的人生观、处世态度有时候是很困难的，但是，哪怕只做一点改变，有时就可能收到意想不到的减压效果。

第七招，坚持自己的价值观。

一定要弄清楚自己最想要的到底是什么？金钱、富有变换的生活、挑战的刺激还是不断超越自我？然后想想现在的工作能不能给你提供这些物质条件或精神上的感受。如果两者相距甚远，你就应该考虑变换一下工作了。

第八招，保持充沛的活力。

如果你是一名脑力劳动者，使你疲劳的原因很少是由于你的工作过量，大部分时候我们的疲劳并不是因为工作，而是因为忧虑、紧张或不快的情绪。请尝试着"假装"对工作充满热情和兴趣，微笑着去接每一个电话，在上司通知周末加班时从内心叫一声"太好了"，每天早上都给自己打打气……千万不要认为这是很肤浅的事。这是心理学上非常重要的心理暗示。

第九招，说出内心的苦闷来。

找一个你信任并能与其自自在在说话的人，如朋友、亲人、要好的同事，或者心理医生，向对方讲讲自己的心里话。研究证明，把"闷"在心里的话说给一个乐于倾听你的人听，是一种非常管用的减压方式。

10. 心病还须心药医

现代社会中，经常会听到周围的人说"活得累"。竞争的日渐激烈，工作和生活的节奏不断加快，能不累吗？压力是客观存在的，每个人都必须在既定的压力下做出选择，你可以选择唉声叹气、不思进取，也可以选择调整心态、提高自己。

有位医生在给一家企业的老总看病时，劝他多多休息。这位老总无奈地抗议说："我每天承担巨大的工作量，没有一个人可以分担一丁点儿的业务，我必须事事亲力亲为。大夫，您知道吗？每天下班后，我都得提一个沉重的手提包回家，里面是做不完的工作呀！"

医生讶异地问道："为什么晚上还要批那么多文件呢？"

老总不耐烦地回答："那些都是必须处理的急件。"

"难道没有人可以帮你分担吗？你没有助手吗？"医生问。

"别人都没那个能力，只有我才能正确地批示呀，而且还得必须尽快处理完，工作又多又急，把我压得都喘不过气来了。"

"这样吧！现在我开一个处方给你，你能否照着做呢？"医生最后说道。

病人接过医生的处方：每天散步一个半小时；每星期空出半天的时间到墓地一次。病人觉得很不解，问道："为什么要我去墓地呢？"

医生不慌不忙地回答："我是希望你四处走一走，看一看那些与世长辞的人的墓碑。你仔细思考一下，这些人生前也与你一样，认为自己每天都有做不完的工作、尽不完的责任，如今他们全都永眠于黄土之中，可是你看现在整个地球还是永恒不断地转动着，并没有因为其中一个人的死去而有所改变。而其他世人们仍是像你这样继续工作。我建议你站在墓碑前好好地想一想这些摆在眼前的事实。"

医生这番苦口婆心的劝说终于敲醒了这位老总，他依照医生的指示，放慢了自己的生活步调，将手里的一部分工作交给下属去做。他已经知道生命的真义不再急躁或焦虑，他的心已经得到平和。所以他不再会觉得活得累，心情好了，当然事业也蒸蒸日上。

"生活太累了！"这是很多人的感觉。其实，生活本身并不累，它只是按照自然规律，按照本身的规律在运转。不是生活太累，而是人把自己搞得太累了。心理学家认为：认为自己活得累，大多数情况下不是身体上的累，而是心理上的累，也就是他们的心理失去平衡或发生障碍。

心累与身累有着明显的区别：身累睡眠状况特好，能很快进入睡眠状态，一旦醒来，便觉浑身轻松，精神百倍，能够更好地投入到工作中；而心累虽然十分疲乏，但睡眠质量相当不高，常常失眠，好不容易入睡了，却不是被一点儿小声音弄醒，就是被梦魇惊醒。醒来后头晕目眩，一整天都会觉得昏沉沉的，工作起来没有效率可言，而且心情也会郁闷。

工作是做不完的，你没必要为了明天的工作、下个月的指标而焦虑不安，心神不宁。不妨轻松地看待这一切，过好当前的每一天，给自己一个灿烂的笑容，让每天都活得轻松一些。时间久了，你就会发现生活并不是想象中那么累了。

请记住，如果你改变不了周围的环境，就请改变自己吧。换一种心态，换一种角度，你就会发现生活不再那么累了。